PERFECT PET OWNER'S GUIDES

さまざ… 飼育、繁殖、 種の …かる

ヤモリ
完全飼育

著——西沢 雅
編・写真——川添 宣広

SEIBUNDO
SHINKOSHA

目次

Chapter 1	ヤモリとは	005
Chapter 2	ヤモリの飼育	010
Chapter 3	日々のメンテナンス	033
Chapter 4	ヤモリのタイプ別 繁殖	041
Chapter 5	飼育タイプ別 世界のヤモリ図鑑	056

🦎 樹上棲・乾燥タイプ 056

マツゲイシヤモリ	057	ワオコノハヤモリ	070	ゲンカクマルメスベユビヤモリ	081
ミナミトゲイシヤモリ	058	ヒロオコノハヤモリ	071	ニホンヤモリ	082
クリスティンイシヤモリ	059	ミカゲコノハヤモリ	072	ブルックスナキヤモリ	087
ランキンイシヤモリ	059	オオソコトラヤモリ	073	ヒョウモンナキヤモリ	087
ヤウトゲイシヤモリ	060	ゴマフウチワヤモリ	074	アリヅカナキヤモリ	088
スジオイシヤモリ	061	ラガッチィウチワヤモリ	074	アーノルドネコツメヤモリ	089
ウェリントンイシヤモリ	062	タマキカベヤモリ	075	ヒガシアフリカネコツメヤモリ	090
ウイリアムズイシヤモリ	063	クラカケカベヤモリ	075	ウォルバーグネコツメヤモリ	091
ハスオビビロードヤモリ	064	ギガスカベヤモリ	076	バーバーヒルヤモリ	092
シモフリビロードヤモリ	065	ムーアカベヤモリ	076	マルガオヒルヤモリ	093
マーブルビロードヤモリ	065	セーシェルブロンズヤモリ	077	ギンボーヒルヤモリ	094
コッガービロードヤモリ	066	コガタブロンズヤモリ	077	レユニオンヒルヤモリ	095
ニシキビロードヤモリ	067	オオブロンズヤモリ	078	シノビヒルヤモリ	096
クラカケビロードヤモリ	068	ビブロンオオフトユビヤモリ	079	ニシキヒルヤモリ	097
エリオットコノハヤモリ	069	ターナーオオフトユビヤモリ	080	スタンディングヒルヤモリ	098

🦎 樹上棲・湿潤タイプ 099

アカシアババイヤモリ	100	ラールアセイヤモリ	130	クールトビヤモリ	142
フトババイヤモリ	101	セントマーチンカブラオヤモリ	130	スベトビヤモリ	143
オウカンミカドヤモリ	102	カブラオヤモリ	131	チュウゴクトッケイヤモリ	143
サラシノミカドヤモリ	110	アントンジルネコツメヤモリ	131	シャムヒスイメヤモリ	144
マモノミカドヤモリ	112	ボイヴィンネコツメヤモリ	132	スミスヤモリ	144
ツノミカドヤモリ	115	サカラバネコツメヤモリ	132	ヤシヤモリ	145
ツギオミカドヤモリ	118	オオバクチヤモリ	133	ヒロオビナキヤモリ	145
コモチミカドヤモリ	124	モトイバクチヤモリ	134	インドオオナキヤモリ	146
コガタコモチミカドヤモリ	125	ワキヒダフトオヤモリ	135	プラシャードナキヤモリ	146
アグリコラクチサケヤモリ	126	オンナダケヤモリ	135	オガサワラヤモリ	147
セイブクチサケヤモリ	127	タンヨクフトオヤモリ	136	キノカワヤモリ	148
シンメトリッククチサケヤモリ	127	バナナヤモリ	137	アサギマルメヤモリ	148
ヴィエイヤールクチサケヤモリ	128	トッケイヤモリ	138	アカオマルメヤモリ	149
アカジタミドリヤモリ	129	グロスマンマーブルヤモリ	142	カンムリマルメヤモリ	149

キガシラマルメヤモリ	150	ヒガシオオヒルヤモリ	156	エベノーヘラオヤモリ	160
アオマルメヤモリ	150	パーカーヒルヤモリ	156	テイオウヘラオヤモリ	162
サビヒルヤモリ	151	パスツールヒルヤモリ	157	フリンジヘラオヤモリ	163
ケペディアナヒルヤモリ	152	ブロンクヒルヤモリ	157	スベヒタイヘラオヤモリ	164
キタオオヒルヤモリ	153	ヨツメヒルヤモリ	158	スジヘラオヤモリ	165
キガシラヒルヤモリ	154	メルテンスヒルヤモリ	158	エダハヘラオヤモリ	166
ヒロオヒルヤモリ	155	ノコヘリヒルヤモリ	159	トゲヘラオヤモリ	167
ヘリスジヒルヤモリ	155	エメラルドキメハダヤモリ	159	ヤマビタイヘラオヤモリ	168

🦎 半樹上棲・乾燥タイプ 169

カーボベルデナキヤモリ	170	オビフトユビヤモリ	171	ザラハダフトユビヤモリ	173
ホシクズフトユビヤモリ	171	スプリングボックフトユビヤモリ	172	トラフフトユビヤモリ	174

🦎 地上棲・乾燥タイプ 175

コムギイシヤモリ	176	セスジタマオヤモリ	189	グローブヤモリ	199
ボウシイシヤモリ	177	キタオビタマオヤモリ	190	ゴールコンダアクマヤモリ	200
モザイクイシヤモリ	178	ミナミオビタマオヤモリ	191	マツカサヤモリ	201
セスジイシヤモリ	179	ナキツギオヤモリ	191	バイノトリノツメヤモリ	202
ビーズイシヤモリ	180	カータートゲオヤモリ	192	ミズカキヤモリ	203
スタインダッハナーイシヤモリ	181	プロセトカゲユビヤモリ	194	カーブホエヤモリ	204
オニタマオヤモリ	182	ベルシャスキンクヤモリ	195	シロブチホエヤモリ	205
サメハダタマオヤモリ	184	ササメスキンクヤモリ	196	コッホエヤモリ	205
デリーンタマオヤモリ	185	プシバルスキースキンクヤモリ	196	オビザラユビヤモリ	206
スベスベタマオヤモリ	185	ロボロフスキースキンクヤモリ	197	ペトレイハリユビヤモリ	207
ナメハダタマオヤモリ	186	トルキスタンスキンクヤモリ	197	ナミハリユビヤモリ	208
ホシボシタマオヤモリ	189	ヘルメットヤモリ	198	サハラカワラヤモリ	209

🦎 半樹上棲・湿潤タイプ 210

ネウエイシヤモリ	211	セスジイロワケヤモリ	221	シロテンアクマヤモリ	229
カメレオンヤモリ	211	エレガンスチビヤモリ	222	ヤクーナアクマヤモリ	230
キガシライロワケヤモリ	212	タンビチビヤモリ	222	クチボソツメナシヤモリ	231
アンティルイロワケヤモリ	214	クロボシチビヤモリ	223	サラマンダーヤモリ	232
クマドリイロワケヤモリ	215	トーレチビヤモリ	224	ヒメササクレヤモリ	233
ゴシキイロワケヤモリ	216	ロサウラエチビヤモリ	225	ミヤビササクレヤモリ	234
オショネシイロワケヤモリ	217	イトコホソユビヤモリ	226	イビティササクレヤモリ	235
ダウディンイロワケヤモリ	218	オマキホソユビヤモリ	227	マソベササクレヤモリ	236
カタガケイロワケヤモリ	219	ニューギニアオオホソユビヤモリ	227		
カタボシイロワケヤモリ	220	ベグーホソユビヤモリ	228		

🦎 地上棲・湿潤タイプ 237

クチボソヒレアシトカゲ	238	ホオスジザラハダヤモリ	241	ソメワケササクレヤモリ	243
デカンアクマヤモリ	240	シャムザラハダヤモリ	242	シュトゥンプフササクレヤモリ	248

ヤモリ飼育の Q&A 249

🦎 **索引** 252　　🦎 **Column**　用語解説 004　**生き物の流通事情と価格** 016

その他の人工飼料について 032

用語解説　glossary

WC と CB

　WC は Wild Caught（Catch の過去形）の略で、野生採集や野外採集という意味。販売プレートなどに「WC」や「WC 個体」と書いてあったら、野外で採集された自然由来の個体ということ。CB は Captive Breeding(Captive Bred とする場合もある) の略で、訳すなら飼育下での繁殖や管理下での繁殖。「CB」や「CB 個体」とあったら飼育下での繁殖個体という意味。

ハンドリング

　手に生体を乗せたり、生体をある程度保定（逃げないように保持）したりすること。ヤモリを含む爬虫類全般に言えるが、多くの場合で人間に掴まれることを嫌がる。メンテナンスなどでヤモリをハンドリングする際は、手のひらに乗せ、ヤモリが行く方向へ先回りして手を出すようなイメージで行う。

ファンデルワールス力

　ファンデルワールス吸着とも呼ばれる。タコのような吸盤状の器官がないのにつるつるとした壁を登ることができるヤモリを見て、不思議に思う人も多いだろう。ファンデルワールス力はヤモリの四肢の裏側にある趾下薄板（しかはくばん）という特殊器官によって生み出されているとされるが、難解な理論（仕組み）で筆者を含め完全に理解することは難しいだろう。「こういう力で貼り付いているんだ」ということだけわかって頂ければ十分ではないだろうか。

ロカリティ

　英語表記は locality。「産地」という意味でしばしば使われる。種類によっては産地によってある程度の特徴が見られ、ロカリティ（産地）を重視する人も多い。

モルフ

　英語表記は morph。ペットの世界では、直訳である「姿、形」というよりは「品種（としての姿形）」という意味合いで使われる。今回紹介するヤモリの中でモルフ（品種）を持つ種類は少ない。なお、個体差や地域個体群に対して、一般的にモルフとは呼ばない。

自切

　「じぎり」ではなく「じせつ」と読む。ヤモリが尾を自らの意思や、外部から何らかの力が加わったことにより尾を切り離してしまうこと。大多数のヤモリは尾が切れる仕組みになっているため、扱いには細心の注意を払う。強く掴んだりすることはもちろん、過度なストレスを加えると自ら尾を切り離してしまうこともあるので気をつけよう（移動時など）。

前肛孔

　読み方は「ぜんこうこう」。多くのヤモリやトカゲの成熟したオス個体に見られる、総排泄口のやや上側（頭側）の鱗に並ぶ分泌器官を指す。鱗1枚1枚の中心に穴が空いたように見えたり、鱗の中にさらに鱗があるように見える場合も多い。両後肢の付け根から付け根へ橋渡しのように繋がっており、愛好家には「への字の鱗」と表現されることもある。成熟が進んで分泌物が硬化して付着している場合も見られる。雌雄判別の手がかりの1つとされ、ヒルヤモリの仲間やトッケイヤモリ、その近縁種では顕著に発達するが、あまり目立たない種も多い。

ミストシステム（ミスティングシステム）

　Mist System。霧吹きを自動で行ってくれる装置のこと。以前は海外メーカーの製品だったり、逆浸透膜を用いて不純物を濾過する際に使う加圧ポンプなどを流用して自作されたりしていたが、近年は国内のメーカーよりいくつかの製品が発売されるようになった。飼育ケースが多い人や不在が多い人・霧吹きの回数を増やしたい人などには重宝されている。

PERFECT PET OWNER'S GUIDES

Chapter 1

About Geckos

ヤモリとは

威嚇するナキツギオヤモリ

ヤモリとは

　今回紹介するヤモリの仲間は、正確に分類するならば有鱗目トカゲ亜目ヤモリ下目となり、そのヤモリ下目の中に「科」としてさまざまなグループが分類されている。ヤモリ下目にはヒョウモントカゲモドキ（*Eublepharis macularius*。レオパードゲッコーとも呼ばれる）などが含まれるトカゲモドキ科も存在するのだが、専門書が複数出ていることもあり本書では除外し、その他の科のヤモリたちを紹介する。

　なお、「ヤモリとイモリの違いは何ですか？」と店頭でよく質問される。片仮名の字面こそ似ているものの分類的には大きく異なる。ヤモリは爬虫類で、イモリは両生類。棲む場所や繁殖行動も、イモリは水中もしくは水辺なのに対し、ヤモリは陸上で暮らし、好んで長時間水に入ることはない。両者を漢字表記してみるとよりわかりやすい。ヤモリは「家守」もしくは「守宮」で、家（建物）の周り＝陸地にいることが想像できる。イモリは「井守」で、井戸を守るということで水に関係する生き物だということがわかるだろう。「今日うちの壁にイモリがいた！」という会話に心当たりのある人は、この機会に覚えておこう。

ヤモリは最も身近な爬虫類？

　日本国内で爬虫類や両生類などを飼育していなかったり興味のない人たちにとっても、虫や鳥類を除けばヤモリは遭遇率の高い生き物ではないだろうか。東京23区内でも、ビル街などでなければヤモリを目にする機会が多い。そこにいるのはニホンヤモリ（*Gekko japonicus*）で、民家の塀や自動販売機の近く・街灯の近くなどで、5～10月頃によく見かけられる。静かで落ち着ける場所があると長期間にわたって棲み着く習性があり、場合によっては先祖代々同じ場所で繁殖し子孫を残している可能性すらある。「私の家ではヤモリをよく見るんです」という人は、同じ個体もしくはペア（オスとメスのつがい）を毎回見ている可能性が高いだろう。一方で、ちょっとした森や林・山の中に入っていくと、ヤモリが見られなくなる傾向にある。郊外はもちろん、東京など都市部も含め、戸建てでもマンション・アパートでも、庭先どころか部屋の中にすら迷い込んできてしまうこともある。身近すぎる爬虫類とも言えるだろう。ニホンカナヘビやニホントカゲ・アオダイショウなども都市部でわりと見られるが、どちらかと言えば「探しに行く」ことが必要で、人間の生活空間にまで

イモリは田んぼなど水辺や水中が生活の場

現れることは少ない。

ヤモリについて、人によっては「気持ち悪い」と忌み嫌う人もいる。彼らに攻撃性はなく、ヤモリ側から人間に対して何かしてくることは100％ない。変なにおいを発したりすることもないし、毒もない。逆に、不快害虫と呼ばれる蜘蛛や小さなムカデ・蛾・ワラジムシなどを捕食してくれることから、人間にとって有益な生き物とされ、それが「家を守る＝家守＝ヤモリ」という存在になったとも言われている。

なお、ニホンヤモリが、厳密に言えば外来種だったという情報がネットなどで流れている。近年、外来種に対する過度な批判、そして、排除の動きを目にするが、1,000年以上前から定着している生き物について今さら駆除したところでどうなるものでもなく、下手に排除をしたら現在の生態系が崩れる可能性すらある。身近なニホンヤモリを通じて、爬虫類とは何か、外来種とは何かな

日本人にとって最も身近な存在な爬虫類とも言えるニホンヤモリ

ど、生き物に興味を持ってもらえることが大切だと筆者は考えている。

世界における分布

爬虫類などを飼育していない一般の人（日本人）にしてみれば、ヤモリというとおそらく壁に貼り付いている生き物を想像する

1. 壁面棲のトッケイヤモリ　2. 昼間に活動するヒルヤモリの仲間　3. 枯れ葉そっくりなヘラオヤモリ　4. 地上棲のボウシイシヤモリ
5. 砂を掘って生活するミズカキヤモリ　6. およそヤモリとは思えない体型をしたヒレアシトカゲ

PERFECT PET OWNER'S GUIDES　　　　　　　　　　　ヤモリ　007

人が多いだろう。日本、特に沖縄県（南西諸島）以外の地域にニホンヤモリが主に分布し、一部では近縁種が生息している。いずれも見ためがそっくりで、壁を這うヤモリたちである。しかし、国外には多岐にわたるヤモリが分布しており、地上で生活し壁を登ることのできない種なども多く存在する。日本人の中には「壁を這っているからヤモリ、地面を歩いているからトカゲ」と認識をしている人も少なくないかもしれないが、世界的に見たら誤りだ。

ヤモリ（ヤモリ下目）は極地を除くほぼ全世界に分布し、熱帯雨林から草原・荒地・砂漠など、生息環境は幅広い。特にアフリカ大陸と東南アジア・オーストラリア大陸には多くの種類が生息し、ペットとして人気の高い種類も多い。一方、北米大陸（メキシコは除く）にはトカゲモドキ科以外のヤモリが自然分布しておらず、帰化種のみだと考えられている。帰化種が多いのもヤモリの仲間の特徴で、樹木や建築資材の輸出入が盛んになった頃、それらに紛れて世界各地に分布を広げた可能性が高い。一部の種類は本当の原産地がわからないほどに拡散分布していて、爬虫類全体を見ても珍しい例だと言える。

体のつくりと特徴

ヤモリの仲間は大きくても30cmそこそこで、日本人にとって普段から注目されることは少ない動物である。大きな特徴がないように感じられるかもしれないが、体の各所にヤモリならではの機能が見られる。いくつ

か取り上げて見ていこう。

まず、樹上棲種の指裏には趾下薄板（しかはくばん）と呼ばれる特殊器官がある。そこからファンデルワールス力という力が生み出されることによって、つるつるした壁などに貼り付くことができる。ツノミカドヤモリ（ガーゴイルゲッコーとも）やネコツメヤモリの仲間（*Blaesodactylus* spp. や *Homopholis* spp.）など、しっかりした爪を持つものもいる。どの種類も一見しただけではあまり発達していないように見えるが、人間の皮膚の上を歩かせるとちくちくと痛く感じる場合もある。

尾は種類ごとに個性的で特徴的な形をしている。尾の形状で種類がある程度特定できるほどだ。特にオーストラリア原産のヤモリはどれも個性的で、コノハヤモリの仲間（*Phyllurus* spp. や *Saltuarius* spp.）やタマオヤモリの仲間（*Nephrurus* spp.）の見ためのインパクトは強い。尾を器用に使う種類も多く、クチサケヤモリの仲間（*Eurydactylodes* spp.）は尾でバランスを取ったり、枝や葉に絡めるようにしてぶら下がったりすることができる。オウカンミカドヤモリ（クレステッドゲッコーとも）では、尾先の裏に先述の指裏と同様の器官（趾下薄板）が備わっている。指先ほど効果的ではないが、尾先を何かにくっ付けてバランスを取ったり、落下を防いだりしていると考えられる。

皮膚（体色）の様子も多岐にわたる。「Chapter 5」（P.56～）でも触れているが、条件によって大きな体色変化を見せるヤモリがいる。ビロードヤモリの仲間（*Oedura* spp.）が代表的で、他の多くの種類でもその

傾向が見られ、身近なニホンヤモリですら明色と暗色に変化させることが可能。体色変化は主に活性具合が起因となっていることが多く、たとえば夜行性の種類が活動時間の夜に発色が良くなる傾向にある。飼育下で捕獲しようとした際に逃げ回った時や餌を与えた時なども興奮状態になって体色が上がる場合もある。体色変化はカメレオンの仲間が有名だが、他のトカゲやヘビ・カメなどは、多少の変化がある種類だとしても、そこまでの劇的な変化が見られるものは少ない。

目は体に対してアンバランスなほど大きめで、瞳が大きいものも多い。ヤモリの仲間は、瞼（まぶた）を持たない。ピンとこない人が多いかもしれないが、ヤモリ下目の中でトカゲモドキの仲間のみ瞼を持ち、それ以外の全ての種類は瞼を持たないのである。よって、常に眼が剥き出しの状態となるため、ゴミが付着したり直接ぶつけてしまったりという事態が発生する。その際、彼らは舌を器用に使い、眼のメンテナンスを行う。飼育していると見る機会も多いと思うが、霧吹きをした後などは眼に水滴が付着して視界が悪くなるため、それらを拭うように舌で眼やその周囲を舐める。同時に水分補給の手段にもなっている。多くのヤモリは野生下では溜まった水を滅多に飲まず、眼に付着した朝露などを舐めることで水分を得ているのだ。

このように、次々と特徴が挙げられるのがヤモリの仲間である。いずれも飼育下で実際に観察できることがほとんどなので、さまざまな目線でヤモリ飼育を楽しんでほしい。

前肢（指の形状はさまざま）
体表（ニホンヤモリは顆粒状だが、そうてないものもいる。体色変化させることができる種類も多い）
目（瞼はない。猫のように瞳は暗い場所だと大きくなる）
指（裏側に趾下薄板を備えた種類は垂直面に貼り付くことが可能）
尾（種類により自切することができる）

【さまざまな指裏】

1. 目は大きいものが多い　2. 名のとおり水掻き状の指先を持つミズカキヤモリ。砂に埋もれにくいための形状　3. 尾の付け根にある総排泄口（ニホンヤモリ）

4. セントマーチンカブラオヤモリ　5. フトユビヤモリの仲間　6. ツギオミカドヤモリ　7. ニホンヤモリ　8. ヒルヤモリ

PERFECT PET OWNER'S GUIDES

Chapter 2

Keeping of Geckos

ヤモリの飼育

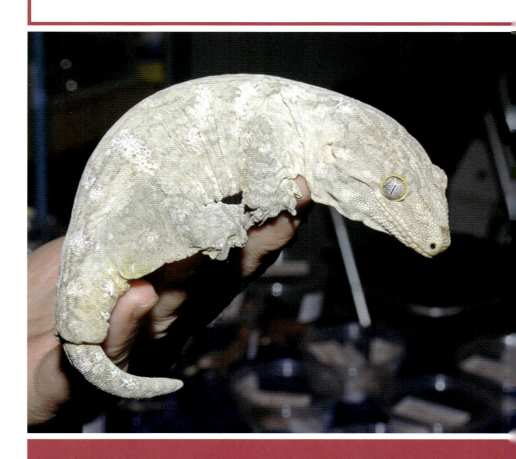

ヤモリ飼育の魅力と楽しみ方

トカゲモドキ科を除いても、ヤモリの仲間は膨大な種数となる。ひと口に魅力と言っても語り尽くせないが、この種数の多さこそがヤモリの仲間の大きな魅力とも言え、選ぶ楽しみやコレクション性の高さが愛好家を虜にしている。交配などで作り出されたモルフ（品種）もあるが、種としても2,000を超えるとされるヤモリの仲間。さまざまな性格や習性・色彩が見られ、学術的にも興味深い分野で飼育欲をそそられる。

サイズ感もペットとして大きな魅力だ。トッケイヤモリやツギオミカドヤモリなど大型になる種類もいくつか存在するが、それでも30cm程度までで、トカゲの仲間のように動き回る習性はなく、小スペースでの無理のない飼育が十分可能。中〜小型種に関しては、種類によっては小さなプラケースなどでも飼育でき、そこで飼育・繁殖までが可能なものもおり、日本の住宅事情にここまでマッチした爬虫類もそう多くないだろう。筆者はサイズの「比率」の話をよくする。たとえば、幅150cmのケージは、日本だとかなり大きい部類に入り、幅30cmのケージは小さい。では、幅150cmのケージで100cmのトカゲを飼うのと、30cmのケージで7cmのヤモリを飼うのだと、どちらのほうが無理なく終生飼育できるかと言われれば後者だろう（種類にもよるが、それはひとまず置いておく）。ヤモリのこのサイズ感はペットとして大きな魅力だと思う。その他にも、見ためがかわいらしい・丈夫な種類が多い・繁殖が可能な種類が多い、など次々と思い浮かぶのだが、ぜひ飼育をしてみて各々が見つけてほしい。2,000種類以上、今回紹介したヤモリも150種類以上いるので、気に入るヤモリがきっと見つかるはずだ。

飼育を開始するにあたって

ヤモリ飼育では、種類によって好む温度や湿度・給餌面などがさまざまである。また、ヤモリの多くは触れ合うこと（ハンドリング）を良しとしない、もしくはできないペットだと考えたうえで飼育を開始しよう。動きが速い・神経質・超小型といった触れ合うことに不向きな種類が多い。すばやい種類に関しては捕獲すら難しいし、神経質な種類は頻繁にケージへ手を入れているとすぐに調子を崩してしまう。ヤモリの飼育と言うと、どうしてもヒョウモントカゲモドキやニシアフリカトカゲモドキ（*Hemitheconyx caudicinctus*）のイメージが強いのか、触れ合いを求める人もいる。もちろん、その他にも動きが遅く図太い神経で触れ合いを苦にしない種類もいるが、それらは中でも例外的存在であると考えよう。ヤモリと言うより爬虫類全般の究極の飼育スタイルは、極力人間の手数（ケージに手を入れる回数）を減らした飼育だと考えている。魚類の飼育のように、ケージの中でヤモリの行動をじっくりと観察する。それが正しい楽しみ方だと言えるだろう。そして、実際に迎え入れの前に、ヤモリを含む爬虫類の飼育では飼育気温が重要となるため、飼育する部屋（ケージの置き場所やエアコンが使えるかどうかなど）の環境を考えながら検討しておく。

近年における流通状況

今回はヤモリの紹介だが、ヤモリに限らず、近年の野生生物のペット流通はピーク時と比べるとかなり少なくなっている。筆者も20年近くにわたり世界15カ国以上から生き物の輸入を続けているが、特にWC個体（野生採集個体）に関して、流通量は大幅に激減していると言える。これは野生の生息数自体が減少していることもあるが、主な理由は各国の独自の法律による保護や、ワシントン条約（CITES）による個体数管理などである。たとえば、ヨーロッパ（主にEU加盟国）では、野生生物の多くが保護対象となるため、その国原産のWC個体の流通は見込めない。中国やアメリカ合衆国なども同様で、特にアメリカに関しては、地域（州）によってその場での観察目的の捕獲にも簡単なライセンスが必要な場合もある。

では、WC個体の流通は全く見込めないのか？　どの種類も入手のチャンスは減る一方なのか？

そうではない。WC個体の流通が減る一方で飼育者の飼育技術は格段に上がり、飼育や繁殖の情報をSNSの活用などで世界中での情報交換ができるようになったこともあり、飼育下での繁殖例は数年前とは比べものにならないほど増えている。CB個体（飼育下での繁殖個体）が市場に出回る機会が増え、種類によっては過去の野生個体の流通量を上回るほどだ。オウカンミカドヤモリなどは、数十年前まで絶滅したとされていたにもかかわらず現在では市場に溢れるほど出回っている。おそらく野生下での個体数をはるかに上回る匹数だろう。

一切入手できなくなってしまった種類も多く存在するが、そればかりは違法に輸入（捕獲）するわけにもいかず、ないものねだりをしても仕方ない。われわれにできることは、今後そのような種類を作り出さないことである。入手できる種類を大切に飼育し、特に珍種とされる貴重な生体を入手した際は、可能なかぎり繁殖まで視野に入れて飼育してもらえたら幸いだ。

野生では一時期絶滅したと考えられていたオウカンミカドヤモリだが、現在は国内外で繁殖された個体が数多く流通している

WCとCB
どちらが良いのか？

ペット市場に流通しているヤモリの仲間全体を見ても、近年の流通状況からもわかるとおり、多くの種類においてCB個体が流通の主流となっている。一方でCB個体が出回りにくい種類は、何年にもわたりWC個体が中心の流通となっている。一部の種類ではWC個体とCB個体の両方が出回る場合がある。WC個体というだけで拒否反応を起こす人もいるが、はたしてCB個体はメリットが多く、WC個体はデメリットが多い

のだろうか？

◎ WC 個体のメリットとデメリット
【メリット】
- 流通は大型個体が多く、繁殖の際に即戦力となる。
- 輸入後しばらくストックされた個体は強い耐性を持ち丈夫。
- 繁殖を続ける場合、新しい血筋を導入できる（近親交配を防げる）。

【デメリット】
- 種類によってはなかなか餌付かない場合も多い。
- 入荷直後の個体は状態が安定せず死亡リスクが高い種類も多い。
- 年齢がわからない個体が多いため、寿命や繁殖適齢期の残り期間が不明。
- 寄生虫やダニの付着が心配な種類もいる。

◎ CB 個体のメリットとデメリット
【メリット】
- 野外の寄生虫やダニなどに侵されている心配が少ない（ゼロではない）。
- 年齢がはっきりした個体が多いため、寿命や繁殖適齢期がわかる。
- 飼育下の環境に慣れている個体が多く、餌付きも良い個体が多い。

【デメリット】
- 小さな個体が販売されている場合、未熟児で育たない個体の場合もある。
- 大型個体が売られることは稀。

気になるのはいずれもデメリットの部分だろう。

まず WC 個体に関して、しばしば耳にする餌付きの問題。なぜ起こるのだろうか。食べている餌の種類（昆虫の種類や果実の味）が、飼育下と野生下で大きく異なることに起因することもある。日本国内の飼育下では、餌用の昆虫と言えばコオロギやデュビア・レッドローチ・ミルワームあたりが中心となる。しかし、それらを野生下で食べている可能性は非常に低いと考えられる。飼育下で利用されている各種類の餌昆虫は、「通年繁殖が可能で、飼育管理が便利な昆虫」という理由で選ばれている。たとえば、今まで野生下でバッタや蝶を食べていたヤモリが全然違う虫や人工飼料を見て「餌だ、食べよう！」と反応を示すだろうか。きっと「何これ？」と思う種類が多いだろう。それだけならまだしも、「怖い」とすら思われるかもしれない。これがいわゆる「餌付きが悪い」という状態なのである。単に体調が悪く、餌を食べない場合があるのかもしれないが、これは WC 個体に見られがちな状況である。いずれにしても、WC 個体を選ぶ場合はこのことを頭に入れ、対処方法をあらかじめ想定しながら導入する必要があるだろう。

一方、CB 個体はデメリットがないと思われがちなものの、実際はそうではない。ヤモリを含む爬虫類全般、生まれたての大きさというものは非常に小さい種類が多い。それを大量に育成して市場に出すとなると、ブリーダーの労力は生半可なものではなく、少しでも早く出荷したいと思うのは人の常であるのは仕方のないことだが、あまりに小さな個体では、いくら不安要素の少ない CB 個体でも、体力がなく育成は難しい。それだけなら

何とかなる場合もあるが、問題は「未熟児」のような個体が混ざっている可能性があることだ。おそらく野生下でもそのような個体が生まれているだろう。が、厳しい自然下では早い段階で他の生き物の餌となってしまう可能性が高い。しかし、飼育下で繁殖し、ていねいに個別管理をされている場合など、弱い個体もしばらく生き延びてゆっくりとわずかに育つ。そういった個体が販売されていてわからずに購入してしまうと、いくらうまく飼育しても成体になる前に死亡してしまうことが多い。これはCB個体ならではのデメリットだと言えるだろう。

これらを踏まえ、筆者の個人的な意見としてはある程度専門店でキープされているWC個体か、多少育成されたCB個体が入手できればベストだろう。高めの販売価格になると思うが、特に飼育経験の浅い人は「安心をお金で買う」という感覚を持っていても良い。もちろん、WC個体かCB個体のどちらかしか入手できない種類など選択の余地がない場合はやむを得ない。

結局のところ、出自の管理や情報の正確さなど、飼育管理以外の細かい部分でも信頼のおける専門店を探すことが大切と言えるだろう。

入手方法と持ち帰りの注意点

近年ではヤモリを含む爬虫類を取り扱う専門店や量販店も増え、入手できるチャンスも広がりつつある。しかし、オウカンミカドヤモリやトッケイヤモリなど一部のメジャーな種類などはホームセンターや大型総合ペットショップ（量販店）などでも見かけられることがあるし、その他のややマニアックな種類に関しては爬虫類専門店での購入となるだろう。逆に言えば、そのようなショップは普段からヤモリを取り扱っている場合が多く、購入する際も不安は少ないと言える。専門店はとっつきにくいイメージもあるかもしれないが、初挑戦や不安の多い人ほど、可能なかぎり専門店に出向いて質問をぶつけながら購入することを推奨したい。近年では爬虫類即売イベントも各地で開催されているのでそこでの購入も悪くないだろう。どちらにしても多種多様に取り扱うブース（ショップ）は思った以上に限られてくるうえに、開催時期や種類によっては移動や展示時のリスクを考慮して出品を控えることも考えられる。筆者の経営する店では、高温と蒸れに弱いマソベササクレヤモリやエダハヘラオヤモリなどを真夏のイベントに持ってきてくれと言われても、生体を第一に考えて断っている。さまざまな種類や多くの個体の中から選びたいという場合は、店舗での購入がより良いだろう。

持ち帰り方に関しては、慣れているショップでの購入なら店側に任せておけば問題ないはずだ。夏場であれば種類によって保冷剤も準備してくれることもある。冬場などは使い捨てカイロを常備してくれているだろう。しかし、個々の移動手段や移動時間までは店側も把握していないので、特に真夏で徒歩や自転車移動の時間が長い場合などは、あらかじめ保冷バッグと多めに保冷剤を持っていくなど自身で工夫をしておこう。保冷剤がない場合は、途中のコンビニやスーパーなどで凍らせた飲み物を購入し、保冷剤代わりにするのも良い。

とはいえ、ほとんどのショップやイベントでは、購入して代金を支払った時点で店側は免責となり、購入者側の適切な対処が求められるので、各自でしっかり対策をしたい。特に真夏の暑さは、弱るという段階がなく即死に繋がる。真夏に停車している車に乗る際の一瞬の暑さ（冷房が効くまでの暑さ）が原因で死亡してしまったという例もある。不安な人は過剰かと思うほど対策をしても損はないだろう。

個体の選び方

選ぶほどの流通がない種類はさておき、メジャーな種類などは流通も多く個体差も大きかったりするため、選ぶ楽しみが多い。反面、どのような個体を選んだら良いのかわからないという声もある。

まずは何よりも自身の好みの色柄や顔つきなどで選ぶが、個体のサイズや調子がほぼ均一であるという条件下での話で、そうでない場合、調子の良い個体を選ぶことが最優先となる。具体的には、餌を食べているか・大きな怪我はないか・体型の異常（過剰な痩せと肥満）はないか、このあたりをしっかりとチェックする。特に「肥満」に関しては近年、問題となっている。過剰な肥満は人間同様良いことではなく、場合によっては急死に繋がるおそれもある。病的に太っている場合は本当に病気である場合もあるので注意が必要。標準体型で怪我や皮膚の異常も見られず、しっかりと餌を食べている個体がベストである。たまに「おとなしい子だから」と選ぶ人がいるが、それは単に弱い個体の場合

もあるのであまり推奨できない。そのうえで色柄など自身の好みを当てはめていくようにすれば良いだろう。

器具類を
準備する前に

ヤモリの飼育に限らず生き物を飼育する際、「とりあえず器具を揃えてから、何を飼おうか決める」という人は少なからずいるだろう。特に熱帯魚の飼育を開始する際は往々にしてよくある流れで、何も疑わずにそうする人が多いかもしれない。しかし、ヤモリをはじめ、他の爬虫類・両生類の飼育において同じようにすることに対し、筆者は強く反対したい。理由として、まず爬虫類・両生類全般に言えるが、種類によって細かく飼育環境や飼育設備を変える必要があるため。やや極端な話だが、全面がアクリル製のケージを購入しておいてから、実際にほしい種類がヒルヤモリの仲間だった場合、紫外線を当てられず困るだろう（アクリル板が紫外線を遮断してしまう）。後述するが、保温器具の選定は初めての人は特に慎重にならなければいけない。始めに飼育をしたい種類を決定し、それを販売している店を探す、もしくは店頭でさまざまな種類を見て飼育したい種類を決定したい。飼育ケージやその他用品はそれからでも十分間に合うし、その場で揃えてしまっても良い。そうすることで無駄な買い物を減らすことができるし、その種類に対して適切な飼育用品を店側が一緒に選んでくれるだろう。

生き物の流通事情と価格

PERFECT PET OWNER'S GUIDES

Column

　近年は飼育技術の向上と情報収集方法の多様化によって、ヤモリの仲間に限らずさまざまな生き物において日本国内での長期飼育が実現しており、過去には考えられなかった種類の繁殖例まで報告されるようになった。繁殖者が多くなれば流通量も多くなり、入手のチャンスも増える。しかし、ここでの問題は価格面である。商品には全てにおいて「需要と供給のバランス」というものが存在していることは誰もが理解しているであろう。ペットは消耗品や生活必需品ではなく、不要な人（一般人）や興味のない人にとっては不要な、買う必要はないものとなる。「爬虫類・両生類の飼育」はまだマイナーな分野であり、購入者のキャパシティは大きいとは言えない。そういった状況下で、需要を大きく上回るほど繁殖個体が出回ったらどうなるか。近年の傾向から見られる結果は、「安売り」「投げ売り」である。

　「何が悪いの？」と思う人がいるかもしれない。その人は「ほしい種類が安く買えてラッキー！」と捉えるだろう。需要が満たされた時点で、生活必需品でもなく、「飼育スペース」と「世話の時間」から必要以上に爬虫類・両生類を購入する人はほぼいない。つまり、いくら値下げしても買わない人は買わないのである。一方、流通初期に入手した人は、自分の買った高額生体がどんどん値下がっていくさまを目の当たりにして良い気持ちはしない。「生き物は値段ではない」という人もいる。それはそれで当たり前なのだが、極端な話をしてしまうと1,000円で買った生き物に30,000円で飼育器具を揃えて24時間エアコンを稼働させて…というように気合を入れて飼育設備を用意する人が数少ないことも事実である。観賞魚のアリゲーターガーの遺棄問題で目の当たりにしているように、流通当初は数十万円で販売されていたものが1〜2年で1桁下がり、あれよあれよという間に1,000円そこそこになって、誰でも買える魚になってしまった。1,000円になって「安いから」という理由で買う人が50,000円以上かけて飼育設備を整え、大型水槽を設置するために床を補強し…ということをやるのだろうか。結果として遺棄が増え、特定外来生物（販売・譲渡等不可）となってしまった例がある。

　ヤモリが大きさを理由に飼いきれなくなるという人は少ないだろう。問題はそこではなく、安くしか売れ

ない（利益が伴わない）という状況になると、ショップ側が「扱わない」という選択肢を取るようになる。すると、リスクの高い海外からの輸入はほぼなくなる。ならば、国内のブリーダーから買えば良いと思われるかもしれないが、結局、ブリーダーも思うように売れなければ手に余ってきて、それまではショップや問屋などがまとめて買い上げてくれていたのだが、ショップも取り扱いを止めてしまったら買ってくれない。生まれてくる個体が行き場を失ってしまうこと（≒損失）を恐れて、ブリーダーは繁殖を止めてしまい、人によっては興味が一気に薄れてしまう人も出てくる。最終的に国内で繁殖させる種類が減るという事態にもなりかねない。

　こう書くと、繁殖をさせてはいけないとも捉えられてしまうかもしれないが、そうではない。繁殖をさせて少しでもお金を得ようと思っているのなら、先のことまで考えて繁殖・販売をしてほしいと願う。繁殖をさせていて数が多いと思えば1年間交配せずに休ませたり、休眠期間を長く設けて産卵回数を減らすなどの「生産調整」をし、最低限の価格を維持する努力をするほうが得策ではないだろうか。このことは昔から言われていて、熱帯魚を繁殖させているこだわりのブリーダーなどは「処理班」となる肉食魚も一緒に飼育していたりする。「生産調整ができないならブリーダーを名乗るな」と言う人も多く存在していたものだ。同時にショップ側も、売れているからといって特定の種類ばかりを安易に大量に仕入れたり、輸入をすることは避けるべきである。爬虫類の市場はお世辞にも大きいとは言えない。特定の種類ばかりを大量に仕入れて安価で販売すれば、その場では売れてもすぐにキャパオーバーとなり、先に述べた事態と同様のことが起きるだろう。

　昔から生き物商売は「薄利多売が絶対にできない」と言われている。要するに「多売」の部分に無理がある。わずかの間だけ1人勝ちできるかもしれないが、一方で興味を失う人も多く出てきて、業界の衰退・崩壊を招き、結果、自滅するだけとなる（法外な高額で売ることが良いとも思わない）。正解がないので何とも言いづらいのだが、少なくとも薄利多売でビルを建てたり上場企業まで上り詰めた生き物販売者が1人も存在しないのは事実なのである。

CITES（ワシントン条約）について

　ワシントン条約は、ペット市場ではしばしばCITES（サイテス）とも表記される。Convention on International Trade in Endangered Species of Wild Fauna and Flora の頭文字からの略称である。絶滅のおそれのある野生動植物を各国で個体数を管理することが主な目的で、各国間で移動される個体数をお互いに把握し合うことで過剰な流通を防ぐことができる。全ての国が条約に加盟しているわけではないが、日本を含め182カ国とEU（欧州連合）と多くの国々が加盟している。ワシントン条約とひと口に言っても全て同じではなく、大きく以下の3段階に分けられている。

◎ワシントン条約附属書Ⅰ類

　本書で紹介している種類での該当種：
ダウディンイロワケヤモリ
　　　　　　　（*Gonatodes daudini*）
アオマルメヤモリ（*Lygodactylus williamsi*）
ゲンカクマルメスベユビヤモリ
　　　　　　　（*Cnemaspis psychedelica*）
　基本的に商業取引は全て禁止。輸出国側で当局（政府）から正式に許可を受けた繁殖施設を持ち、輸入国側と協議をしてお互いに認められた場合、そこで登録された種類のみ国際間取引ができる（公的機関などの研究目的の輸入などは例外として認められる場合が多い）。爬虫類においてはホウシャガメ（*Astrochelys radiata*）がこの例として挙げられる。

◎ワシントン条約附属書Ⅱ類

　本書で紹介している種類での該当種：
ヒルヤモリ属全種（*Phelsuma* spp.）
ヘラオヤモリ属全種（*Uroplatus* spp.）
ミドリヤモリ属全種（*Naultinus* spp.）
ヘルメットヤモリ（*Tarentola chazaliae*）
トッケイヤモリ（*Gekko gecko*）
ヒメササクレヤモリ
　　　　　　（*Paroedura androyensis*）
マソベササクレヤモリ（*Paroedura masobe*）
　Ⅰ類ほどの制限はなく、決められた手続きを踏んでいれば商業取引も行える。輸出国政府がその生き物の輸出許可を出し、輸入国側政府がそれを確認して輸入を認めて輸入許可書が発行された場合のみ国際間取引ができる。勘違いされやすいが、Ⅱ類だからと言って全ての種類に無制限に輸出許可が出されるわけではない。年間の輸出枠（輸出可能数）が設けられていたり、全く許可が下りない種類も多く存在する。また、輸出国側からは許可が出ても輸入国側で認められない例も存在する。

◎ワシントン条約附属書Ⅲ類

　本書で紹介している種類での該当種：
ブロンズヤモリ属全種（*Ailuronyx* spp.）
トゲオイシヤモリ属全種（*Strophurus* spp.）
コノハヤモリ属全種（*Phyllurus* spp.）
ユウレイコノハヤモリ属全種
　　　　　　（*Saltuarius* spp.）
タマオヤモリ属全種（*Nephrurus* spp.）
ナキツギオヤモリ属全種
　　　　　　（*Underwoodisaurus* spp.）
クロボシチビヤモリ
　（*Sphaerodactylus nigropunctatus*）

トーレチビヤモリ（*Sphaerodactylus torrei*）

Ⅱ類よりも制限は緩く、同様に決められた手続きを踏んでいれば商業取引が可能。手続きはやや異なり、Ⅱ類の場合は輸入する国側の許可（輸入許可）も必要となるが、Ⅲ類の場合は輸出国の決められた機関の許可（原産地証明書）のみが必要となる。ただし、輸出国となる国が原産の生き物以外（たとえば、ドイツからオーストラリア原産のⅢ類の種類を輸出する場合など）はこの手続きとなり、もし輸出国が原産の生き物の場合（たとえばアメリカ合衆国からアメリカ合衆国原産のⅢ類の種類を輸出する場合など）はⅡ類の生き物と同じ手続きが必要となる。

ワシントン条約と聞くと「密輸」などというマイナスなイメージに直結してしまう人が多いかもしれない。しかし、ワシントン条約に入っている生き物でも正規の手続きを踏んで合法的に輸入されているケースがある。Ⅰ類の場合は必要な書類が添付された動植物であれば大手を振って販売することができ、飼育することも問題はない。たとえば、ホームセンターでも販売されている一般的なリクガメの仲間や、もっと言えば植物のランの仲間（ラン科）も全種ワシントン条約附属書Ⅱ類かそれ以上に該当しており、ワシントン条約の動植物の販売はさほど珍しいケースではない。ただし、附属書Ⅱ類やⅢ類の生き物であれば必ず流通が可能なのかと言われればそうではない。ワシントン条約という法律上は流通させることができても、それぞれの種類に各国政府が割り当てた「輸出枠」というものが設けられていることが多く、その輸出枠がゼロであれば輸出

することはできない。輸出枠があっても、その国の政府から許可が出ない種類も多く存在する。その他、ワシントン条約とは別で、生息する国で独自の法律により保護されている場合はワシントン条約よりもそちらのほうを優先するケースもある。

いずれにしても、ワシントン条約やその手続きの仕組みを理解していない人間やショップがインターネット上やSNSなどで間違った情報を書いている場面を多々見かけるので、しっかりと情報の取捨選択をしよう。ワシントン条約に掲載されている生き物の流通は、正規に取引されているものに関しては「どの国からどの国へ、どの種類が何匹輸出入されたか」をCITESのHP(CITES Trade Database)にて全て確認できる。これに当てはまっていないやりとりは全て密輸の疑いがかけられると言える。書類のやり取りだけの「かたちだけのもの」ではないのである。

タイプ別セッティング

ここではヤモリの習性や好む環境ごとに、図鑑ページに合わせて4タイプに分け、飼育に向けての準備やセッティングの方法などを解説する。

保温器具と照明（紫外線ライト）・シェルター類（レイアウト素材含む）は後述する。

①樹上棲・乾燥タイプ

適した飼育ケースは「通気性」と「メンテナンスのしやすさ」を重視し、かつ、蓋がしっかりできる製品。本タイプは乾燥気味

の環境を好み、多湿（蒸れ）が続くことを嫌う種類が多く、通気性を重視したケージを選ぶことが大事である。具体的には一般的な爬虫類専用ケージや高さのあるプラケースなどを選べば良い。なお、高さも必要だが過剰に縦長である必要はない。飼育する生体のサイズより少し余裕がある高さ（全長20cmのヤモリなら30cm以上の高さなど）があれば、横長のケージでも問題はない。ヒルヤモリやマルメヤモリ・イシヤモリの仲間など紫外線ライトを当てて飼育する種類も含まれるため、紫外線ライトを設置できて、なおかつ紫外線が透過できるタイプが向いており（アクリルやガラスで覆われていると透過しない）、上面は半分以上が金網（メッシュ）やスリット状になっていることが条件となるだろう。アクリル製のパンチング板でもかまわないが、思った以上にパンチング板は空気の抜けが悪いので注意。

　それと、飼育ケースのメンテナンスのしやすさに関しても重要で（飼育者側の扱いやすさも含む）、「脱走されにくい形状」の製品を選ぶ。①乾燥タイプ②湿潤タイプとも、樹上棲のヤモリは動きが速く、脱走が懸念される。開口部が大きかったり、中途半端な隙間がやたらと開いていたりするケージは要注意。盲点なのは観音開き型のケージで、扉を開けた際、両サイドに細長い隙間ができる。壁に貼り付くことのできる種類（カベチョロと呼ばれるタイプ）は扉を開けた時に、大きな開口部からではなく、そういった隙間から知らぬ間に逃げてしまうことが多々あり、特にヒルヤモリの仲間など動きの速い種類で目立つ。これは筆者の好みの問題かもしれないが、そのような種類には観

音開き型のケージよりも前面スライド式のケージのほうが脱走のリスクは少ないように感じる。

　床材にはある程度水はけの良いものを選ぶ。いくつか挙げられるが、爬虫類飼育用ソイル（保湿が可能なタイプでも可）やバークチップ（中〜小粒）・ヤシガラ（中〜粗目）・赤玉土（中〜小粒）などが一般的。オーストラリア原産のイシヤモリ各種やビロードヤモリ各種などには砂を使う人も多い。いずれの場合も、小さなコオロギなどをばら撒きで与える場合は、粒の大きい床材だと隙間に全て入ってしまい食べられなくなってしまうため、粒のサイズには注意すること。

　推奨したくないものは細かめのヤシガラである。樹上棲のヤモリの仲間は、飼育していくと人慣れをして餌への反応が良くなる種類もいる。野生下では主に木の上が生活圏となるため、地面に餌を食べにくる機会がほぼない種類も多い（地面というものをあまり理解していない）。そのせいか、床材が少し動いただけで餌と間違えて突進し、食べに行く個体もいて餌昆虫と一緒に床材を口に含んでしまう場合もある。それが乾いた状態の細かいヤシガラだったらどうなるだろう。人間が「きな粉」を口に含んだ状態と言えばわかりやすいだろうか。口の中に細かい粒が貼り付き、水分が奪われる。それを嫌だと感じたヤモリは、口の中の異物を取り出そうと頭を激しく振り、さらに床材が舞い上がって、口の中へ…。それを繰り返すうちに喉に詰まってしまい、最悪の場合、窒息死してしまう。実際のところ、この事態は筆者も何度も経験をしており、一般的な例としても多いと思われる。といった

樹上棲・乾燥タイプの飼育イメージ

理由から、床材が乾くことの多い乾燥系の生き物には、細かめのヤシガラを推奨していない。大粒のヤシガラやソイルなども同じと思われるかもしれないが、最大の違いは1粒あたりの大きさと比重にある。粒が大きければ大量に口の中にまとわりつく事態は考えにくい。ソイルなどは比重が重いため、舞い上がったり口の中に舞い込んだりすることもそうないだろう。大きな粒を飲み込んでしまうのではないかと心配する人もいるが、さすがにそこまで心配してしまうと何もできないし、過去に大粒のバークやヤシガラを大量に飲み込んで非常事態に陥った樹上棲ヤモリに筆者は出くわしていない。心配ならば、餌は確実にピンセットなどで与えるなどの自衛をすると良い。

②樹上棲・湿潤タイプ

ケージ選びや大まかな注意点などは先述の「①樹上棲・乾燥タイプ」に準ずるが、マルメヤモリの仲間などの小型種の場合、細いボールペン程度の穴でも十分脱走してしまうため、完璧に蓋ができる製品を用いる。重要なのは、湿度を好むと言われる種類でも通気性を確保すること。「湿度を好む＝常に湿度が必要」と思っている人も多いだろう。間違いではないが、蒸れてしまう環境（通気の悪い環境）は避ける。「①樹上棲・乾燥タイプ」で紹介した通気性が十分に確保されているケースが望ましい。上面がアクリルのパンチング板のケース（アクリルケース）を使う人も多いかもしれないが、思った以上にパンチング板は空気の抜けが悪く、市販の、特に縦長のアクリルケースの場合、側面に穴が少ない（ほぼない）ことがある。そのようなケージは通気が悪く、特にケージ底面付近が高温多湿になってしまい

がちだ。これは湿度を好むどの種類にも悪影響であるため、縦長のアクリルケージを使う場合は、追加で通気穴などを空けるなどして使うことを推奨する。同様の理由で「小バエが入らない工夫がされたプラケース」も通気が悪いため、使用を控えるか、通気加工をしてから用いる。ただし、通気性を確保するための穴の口径は、飼育個体が逃げ出さない程度にすること。

床材は保湿力と水はけを兼ね備えたものがベストだと言える。テラリウム用ソイル類（保湿が可能なタイプ）や熱帯魚用ソイル・バークチップ（中〜小粒）・ヤシガラ（中〜粗目）・赤玉土（中〜小粒）・その他の園芸用土（黒土や鹿沼土など）が一般的。経験を積んだ人は各自で園芸用の赤玉土や黒土などをブレンドして自身の配合を見つけ出す人も多いので、飼育に慣れてきたらアレンジしてみてもおもしろい。メーカーから数種類の用土がブレンドされたものが発売されているので、それらを使うのも良いだろう。

③半樹上棲および地上棲・乾燥タイプ

ケースを選ぶ条件は「①樹上棲・乾燥タイプ」とほぼ同じである。やはり通気性の確保としっかりとした蓋をできることを重視するが、爬虫類用として販売されているアクリルケースやガラスケース・プラケースであれば問題ないだろう。地上棲種に関しては高さを必要としないため、フラットタイプのものでも良い。高さが低ければ空気の滞留も少なく、アクリルのパンチング状の蓋でも使える。高さがあれば上のほうにエアープランツを植栽してみたり形の格好良いコルクや流木でレイアウトしたりとレイアウトの幅が広がる。半樹上棲の種類だけではなく地上棲の種類でも立体活動を好む種類もいる（トゲオヤモリの仲間やフトユビヤモリの仲

樹上棲・湿潤タイプの飼育イメージ

半樹上棲および地上棲・乾燥タイプの飼育イメージ

間など)。そのような種類の場合、多少立体的なレイアウトを施してさまざまな条件の場所を作り出してあげるとなお良い。

床材に関しては水はけの良いものを選ぶ。爬虫類飼育用ソイル類(保湿が可能なタイプでも可)や砂(細かいもの)・バークチップ(中〜小粒)・赤玉土(中〜小粒)などが一般的。イシヤモリ各種やタマオヤモリ各種・ホエヤモリ各種などでは砂を使う愛好家が多い。その他の種類でも生息地の環境を調べたりイメージしたりして、野生下に近しい床材が選ばれている傾向にある。地面を主な活動拠点としているという意味では、樹上棲種よりも地面への依存度が高く、床材は最もこだわりたい部分である。タマオヤモリの仲間の一部やホエヤモリの仲間(*Ptenopus* spp.)は地上棲種ではあるものの、しっかりとした巣穴を掘ることが多く、

活動の拠点は地中とも言える。床材はしっかり掘ることができるようやや厚めに敷いてあげよう。

④半樹上棲および地上棲・湿潤タイプ

ケースを選ぶ条件としては「③半樹上棲および地上棲・乾燥タイプ」(=「①樹上棲・乾燥タイプ」)とほぼ同じである。通気性を確保し、この仲間の一部(チビヤモリの仲間など)は非常に小型で、つるつるした壁も登れるため、隙間や小さな穴からも脱走をしてしまう。器具類のコードを通す穴レベルでも脱走される可能性が高いので、超小型種に関してはより蓋の完璧性が求められる。爬虫類用として販売されているアクリルケースやガラスケース・プラケースであればほぼ問題ないだろう。それぞれフラットタイプのものでも良い。場合によっては、コード穴などをテープなどで塞いでおく。ササクレヤモリの仲間(*Paroedura* spp.)やホソユビヤモリの仲間(*Cyrtodactylus* spp.)の多くは、半樹上棲にカテゴライズしてあるものの、活動時間となる夜間になると活発に立体活動を行う。やや大きい種類もいるので、背の低いタイプのケースではなく樹上棲種を飼育する感覚で、高さにも横幅にもある程度余裕がある製品(広めのもの)を選ぼう。

床材にはこだわりたい。樹上棲・湿潤タイプと同様に保湿力と水はけを兼ね備えたものが良い。テラリウム用ソイル類(保

半樹上棲および地上棲・湿潤タイプの飼育イメージ

湿が可能なタイプ）や熱帯魚用ソイル・バークチップ（中〜小粒）・ヤシガラ（中〜細目）・赤玉土（中〜小粒）・その他の園芸用土（黒土や鹿沼土など）が一般的であるが、飼育に慣れてきたらブレンドをしたりして保湿力を高めたり、逆に少し水はけを良くするなど自身の飼育環境に合った配合を見つけると良い。見ためにこだわることも悪くない。自然界でも野山の地面を見た時に、全て同じ土で構成されていることはあまりない。一見するとただの土に見えても、粘土状のものが混ざっていたり砂利が混ざっているものだ。特に小型種をジオラマのようにレイアウトして飼育する場合、そのような「自然感」を重視することは重要かつおもしろさが倍増すると思う。床材の持つ特性を理解しつつ、独自の配合を作り出してみてはいかがだろうか。これは全てのヤモリ、ひいては全ての生き物飼育にも通ずることだが、特に地面への依存度が高い生き物の際に実践してみると良いだろう。

キッチンペーパーの是非

近年では床材としてキッチンペーパーを使用する飼育者も多い。種類によって、やり方次第では便利で使い勝手の良いアイテムだと言えるのだが、「楽だから」という理由でキッチンペーパーを選ぶ人は、高確率で後悔することになる。キッチンペーパーは大きな1枚の紙であり、1カ所に糞をされた場合は部分的に交換ができず、全部交換することになる。その際、一時的に個体を別の入れ物に移し、シェルターなどを全部出して初めて交換ができる。それを毎度行うことは、はたして楽だろうか。生体にはストレスを与えないだろうか。それならば、砂やソイルなどを敷いて、猫のトイレのように糞をしたら周囲の床材と一緒に捨てるというほうがはるかに楽だし、生体へのストレスも少ない。特に小型種は神経質な種類が多いため、毎回掴むなどして移動させられることは好ましくない。樹上棲種で一部動きの速いヒルヤモリの仲間やカベヤモリの仲間などは、交換するたびに脱走のリスクも発生するだろう。

なお、ソイルや砂などを敷くと言うと、誤飲を心配する人が多い。もちろん、誤飲は時に生体に致命傷を与える。だが、考えてみてほしい。ヤモリ、いや、爬虫類が生息する自然環境にも土や砂はあり、飼育下で使うソイルも赤玉土も砂も自然の土壌由来。バークチップ（木のかけら）なども自然由来のものだ。それらを多少飲み込んだ程度で次々に死んでいたら、爬虫類はとっくの昔に絶滅していると思う。筆者は今まで数え切れないほどのヤモリを管理してきたが、あからさまに誤飲が直接の原因で死亡したと思われる個体は、自身の管理している範疇ではほとんどなかった。誤飲を気をつけることは悪いことではないし、どうしても不安な人や老齢個体・体力が低下した個体・極端な幼体・一時的な仮住まいなどにかぎり、キッチンペーパーでの管理でもかまわない。言いたいのは、誤飲に対してあまりに敏感になりすぎるのは、飼育の幅を狭めるだけでなく、ペーパーでの飼育は種類によっては飼育そのものに黄色信号が出てしまうこともあるということである。また、神

経質な種類などの場合、床材が不適切であるだけで餌食いが落ちる、もしくは最初から食べない場合も多々ある。たとえばホエヤモリの仲間やタマオヤモリの仲間の一部・スキンクヤモリの仲間などは地面を激しく掘ってその中に潜むという習性があり、それができないだけで大きなストレスを受けることが多い。掘るという動作ができないキッチンペーパーという人工物は、どう考えても「適切」とは考えにくいため、特に地上棲で小型種を中心としたやや神経質な種類を飼育する際は不向きと言って良いだろう。

シェルターとその他用品

シェルター、つまり隠れ家として利用できるのは、各メーカーから発売されている市販品でも良いし、流木やコルクなど自然素材を使って隠れる場所を作っても良い。流木を複数組む場合、できればシリコンや結束バンド・ネジなどで固定して崩れないようにしよう。コルク程度なら軽いので問題ないだろうが、大きめの流木が仮に崩れて個体に直撃してしまったら、死亡してしまう可能性もある。少しでも安定感に不安があればしっかり固定しておく。同じ理由で、大きめの岩や岩を組む際にもより注意が求められる。よほど安定感のある形のものでないかぎりシリコンで固定すると安全だ。

温度計は気温の目安として設置しておきたい。設置場所は、ヒーターを設置するなら敷いてない側にすると、飼育環境内の低い部分の気温を知ることができる。夜間にどのくらいの気温まで下がっているのかを見て、ヒーターの数の増減や強さの調整の

参考にしよう。ただし、市販の爬虫類用温度計はそこまで厳密なものではないため、数字を過信しないこと（次項参照）。

水入れの設置は筆者としてはどちらでも良いと考えている。本来、水たまりや池などの溜まった水を、狙いを定めて（意図的に）飲みに行く習性を持たないヤモリも多く、水入れを設置したところで認識して積極的に飲むことは少ない。強いて言えば、ケージ内をうろうろしていてたまたま水入れに足を突っ込んだ際に「水がある」と認識して飲む程度だ（一部は覚えることもある）。そういう意味では「あってだめなもの」ではないが、水入れを入れることによりケージ内の行動スペースが狭くなってしまうようなら入れない。最も危険なのは、飼育者が水入れを置いて「水を与えている気になっているだけ」という事態。霧吹きをしていないのなら、全く水を飲めていないこともある。給水のための霧吹きは、乾燥・湿潤など関係なく、全てのヤモリに必ず行うようにする（P.33〜「日々のメンテナンス」参照）。

保温器具

保温器具はその他の器具類と違い、生体の生死に直結することが多いため、ヤモリ飼育に限らず慎重に選ぶ。今回は「ヤモリ」と大きい枠だが、好む温度帯は種類によって異なる。

❶やや高めを好むタイプ：トゲオイシヤモリ属（*Strophurus*）・イシヤモリ属（*Diplodactylus*）・タマオヤ

モリ属（*Nephrurus*）・カベヤモリ属
（*Tarentola*）・コバンヤモリ属（*Gekko*）
❷**やや低めを好むタイプ：** ミカドヤ
モリ属（*Rhacodactylus*）・クチサケ
ヤモリ属（*Eurydactylodes*）・ヘラオ
ヤモリ属（*Uroplatus*）・コノハヤモリ
属（*Phyllurus*）・ユウレイコノハヤモ
リ属（*Saltuarius*）・ササクレヤモリ属
（*Paroedura*）
❸**それらの中間：** ビロードヤモリ属
（*Oedura*）・ヒルヤモリ属（*Phelsuma*）・
マルメヤモリ属（*Lygodactylus*）・ナ
キヤモリ属（*Hemidactylus*）・フトユビ
ヤモリ属（*Pachydactylus*）・イロワケ
ヤモリ属（*Gonatodes*）・チビヤモリ属
（*Sphaerodactylus*）・ホソユビヤモリ属
（*Cyrtodactylus*）

爬虫類飼育用に市販されているシェルター

大まかにこのようになるだろうか。全て載せきれないが、「Chapter 5（P.56〜）」の各種類の解説を参考にしてほしい。また、同属の中でも特殊な環境を好む種がいることもあるため、必要に応じて調べてほしい。

❶のグループは安定的にやや高めの温度を好む。繁殖などを考えず飼育だけを考えた場合、ベースを25〜30℃前後とし、部分的にもう少し高い温度の場所を作る形が望ましい。それより多少低くなっても死ぬことは考えづらいが、活性が下がって餌食いは悪くなるかもしれない。たとえば、餌をたくさん食べた翌日に温度が下がってしまうと消化不良による吐き戻しの不安があるため、しっかり保温されているかをチェックする。ただし、常にケージ全体を32℃でキープするような飼育も好ましくない。32℃と書いたがそれはあくまでも上限であり、時間帯やケージ内の場所によって低めの温度の場所を設けることは必ず必要となる。ヒョウモントカゲモドキやニシアフリカトカゲモドキの飼育では高温管理が一般的になっているが、あくまでも特殊な例なのだ。

❷のグループは対照的にやや低めの温度を好む。22〜28℃前後をベースとするが、やはり28℃というのはあくまでも上限の目安で、「一時的に高温になっても、気温の低い場所や時間帯が必須」という意味である。どちらかと言えば低温には強く高温には弱い。大切なのは、過度に「保温をする」と意気込まないこと。飼育する場所（飼育部屋の環境）にもよるが、保温球はもちろん、「暖突」などの高性能な保温器具も使用しないほうが良い場合が多い。ある程度エアコン管理をしている場合は追加の保温は不要。高温持続に弱い種類（エダハヘラオヤモリやマソベササクレヤモリ・コノハヤモリの仲間など）は冷却の方法をしっかり考えたうえで飼育する。

❸のグループは、好む温度帯もちょうど中間くらいだが、さらに飼育環境内に温度勾配を設けるとより良いだろう。数値としては24〜30℃前後をキープしたいところだ

が、このグループは❶のグループよりも高温には弱い種類が多く、小型種などは高温が続くとばててしまい状態を崩すこともある。イメージとしては「暑すぎないように注意する」ことであり、日中など暑くなりすぎるようなら夜間の温度を下げ、クールダウンできる時間帯を作るように。ヒルヤモリやマルメヤモリ・イロワケヤモリ・チビヤモリなどの昼行性種には紫外線ライトを照射するが、可能なら弱いハロゲンライトなども当てて、一部に温度がやや高い場所を作ると効果的。LEDではなく蛍光灯タイプの紫外線ライトならばその周りの温度が高くなるので、うまく利用しても良い。

保温の方法としては、飼育する部屋全体を常時エアコン管理していれば基本的に問題ない。やや高めの温度を好む種類なら、一部追加の保温をすれば良いだろう。それ以外の場合はパネルヒータータイプの製品を、樹上棲種の場合はケース側面に、地上棲種の場合はケージ底面から保温するのが一般的だ。真冬に十分な温度が得られないなら、「暖突」などのケージ上面（蓋の裏側）に設置する保温器具を併用したり、もう1枚パネルヒーターを別の面に使用するなどして追加保温をする。なお、「暖突」などは設置方法に工夫が必要となり、プラケースやアクリルケースだと直接上に載せられないので注意。保温球タイプや遠赤外線タイプの製品は、温度はしっかり上がるものの小型ケージだと設置が困難なのと、飼育ケージにプラスチックやアクリル製を使用する場合、そこに触れてしまうと溶けてしまい、場合によっては火災に繋がるおそれがあるので使用しないほうが無難。いずれの場合も、購入時に店頭にて生体の名前を伝えて相談すると良い。

「このサイズのケージには、このサイズの保温器具で大丈夫」というような保温器具の選び方はやめてほしい。目安としてケージのサイズによって強さを決めることは間違いではないが、気密性の高い新築マンションと、築年数十年の隙間風たっぷりな一戸

市販のパネルヒーター

爬虫類・両生類飼育用ケース。各器具類のコードを通す穴などにも対応している製品が多い

建では同じ保温器具で良いのだろうか。爬虫類は飼育していないが犬や猫・小動物などを飼育していて24時間365日エアコンを稼働させている飼育部屋ではどうだろう。保温器具は爬虫類を飼育する部屋や、その部屋のケージを置く場所の事情も考えて選ばなければならない。筆者は初めて飼育をする人が保温器具を購入する際、必ず「問診」を心がけている。家庭環境を知らずに安易に保温器具を勧めることは生体の生命に関わるためである。初めて飼育する人で保温器具に悩む場合、ケージを設置する部屋の環境を店員に説明すれば、お店側がそれにあったサイズのものを一緒に考えてくれるはずだ。

　ケージに合う保温器具を選んだら設置にとりかかる。ポイントは「全体を暑くしすぎないこと」。パネルヒーターを底面に敷く場合、季節や家の環境にもよるが、たとえば、底面から当てる場合はケージの3分の1から半分くらいの面積にヒーターを当てるようにし、温度が足りなければヒーターが当たる面積を増やす。その際、一部にヒーターのかからない部分を必ず作るようにする。樹上棲種の場合は側面に貼るが全体的に貼るわけではないので、ヒーター全体を貼ってしまって良い。これらは中にいるヤモリたちの「逃げ場所」を作る意味があり、仮に部屋の温度が上昇して暑すぎた場合などにクールダウンできるエリアを作っておかないと、熱射病に罹ったり脱水になってしまったり、場合によっては即死してしまう可能性もある。先述のとおり生き物全般、暑いよりは寒いほうが死亡リスクが少ない。加温をする時は必ず「少し温度が足りないかな？」という程度を目安として「足りなければ追加する」という考えで行いたい。また、温度計をあまりに信用しすぎるのも問題で、温度計の数値を参考にしつつ、基本的には個体の行動を観察して加温の強弱をするように心がけよう。常にヒーターの上にいるようであればケージ内が寒い、逆にヒーターから逃げるようにしていれば暑すぎる、1日のうちに時間によって行ったり来たりしていればちょうど良い、といった具合である。これは大ざっぱな言い回しであくまでも目安だが、野生生物は想像以上の生活力（危機管理能力）を持つ。温度勾配や逃げ場所を設けて、それをうまく利用しよう。なお、❶と❸のグループに関しては、ケージ内の一部にやや高温（32〜35℃前後）となる場所を作ることを推奨する種類もある。具体的にはタマオヤモリ属・トゲオイシヤモリ属・イシヤモリ属・スキンクヤモリ属・ヒルヤモリ属の一部・その他多くの地上棲乾燥系種など。これは消化に必要とする温度がやや高いためであり、部分的に高くしておけば、自らがそこに行って体温調整を行う。間違ってもケージ全体をその温度にしてはいけないので、器具の種類やサイズ選びには注意が必要であり、不安な場合は専門店に相談する。

照明器具

　近年は多くのヤモリの仲間にも紫外線を当てたほうが良いという風潮（一部は結論が出ている）になっているため、種類にもよるが設置する前提で考えておこう。以下で特に紫外線を当てたほうが良いヤモリたち

の一部を挙げる。

- ミカドヤモリ属（*Rhacodactylus*）
- クチサケヤモリ属（*Eurydactylodes*）
- トゲオイシヤモリ属（*Strophurus*）
- ヒルヤモリ属（*Phelsuma*）
- マルメヤモリ属（*Lygodactylus*）
- イロワケヤモリ属（*Gonatodes*）
- チビヤモリ属（*Sphaerodactylus*）
- トゲオヤモリ属（*Pristurus*）
- フトユビヤモリ属（*Pachydactylus*）

これらに加えて、ヘルメットヤモリ・ギガスカベヤモリ・アカジタミドリヤモリなども含まれる。紫外線要求量がやや高めで、基本的に紫外線ライトの設置は必須と言える。それら以外の種類にも照明器具を設置するなら紫外線の出る蛍光管を用い、弱い紫外線を当てることは効果的だろう。筆者の一般飼育者時代（14〜15年以前）は、ヒルヤモリの仲間など一部を除きヤモリには「紫外線は不要」と言われていて、それでも飼育できていた（と思っている）。今思えば、照射したほうがさらに良かったのかなと思い返す部分も多々ある。もちろん、メタルハライドライトのような強さの紫外線は逆効果になりかねないので避け、各メーカーから出ている蛍光管タイプの製品で、中程度の強さのものを選べば良いであろう。ただし、照射距離によっても強さを変える必要があるため、ケージの高さなどを考えて選ぶようにする。近年ではLEDタイプで紫外線を出す器具が続々と開発されている。放熱量も少ないLEDタイプのものは、高温を嫌う種類にはうってつけの製品で、今後のさらなる開発に期待したい。

餌の種類と給餌

本書で取り上げるヤモリは一部の種類を除き、ほぼ完全な昆虫食、もしくは昆虫食中心。餌の種類としては、個体のサイズに合った餌用昆虫類を用意する。コオロギを中心に、デュビアやレッドローチなどが入手しやすく主食となる。どれを使ったほうが

餌用イエコオロギ

餌用クロコオロギ

餌用フタホシコオロギ（チャコオロギ）

レッドローチ

カルシウム剤

良いか、この3種類（コオロギを2種類と考えると4種類）においては特筆してどれが良いというものはない。個体によって好みはあると思うが、それも慣れが解決してくれるだろうし、飼育者の飼育スタイル（餌昆虫の管理方法など）によって選べば良い。近年では冷凍技術の発達に伴い、冷凍虫も各種発売されている。冷凍は乾燥や缶詰よりも活に近く、食いの悪さはほぼ見られない。急速冷凍されているものは栄養面でも不利は少ないと考えられるので、活昆虫をストックすることが難しいようであれば、冷凍も選択肢の1つに入れて良い。強いて言えば、オーストラリア産のイシヤモリの仲間やタマオヤモリの仲間などは、やや小ぶりのイエコオロギを与えることを推奨する。経験上、もしくは周囲からの話を聞くかぎり、クロコオロギ（フタホシコオロギを含む）は彼らの消化器官に適合していない面があると感じる。コオロギに含まれる水分量などが関係しているのかもしれないが、詳しいデータを取ったわけではないので、感覚的な話である。特に大きめ（無理して食べられるくらい）のクロコオロギを与えると吐き戻しの原因になる可能性が高い。冷凍にしても活にしても、体のサイズに対して無理のないサイズのイエコオロギ、もしくはそれと同サイズ以下のクロコオロギが無難だろう。

　その他の餌昆虫として、ミルワームやハニーワーム・シルクワームなども流通している。食べさせて問題はないが、あくまでも栄養補助だったり、導入初期の餌付けなどに使用する補助食的な扱いとする。ミルワームは欧米のヒョウモントカゲモドキブリーダーなどが主食にしていることもあるが（厳

餌を狙うデリーンタマオヤモリ

ピンセットから餌を食べるスタンディングヒルヤモリ

密にはワームの種類が異なると言われている）、それはあくまでも高温の飼育下においてしっかり消化ができるという前提が必要となる。特にやや低温を好む種類などは、消化ができず吐き戻してしまう可能性があり、きちんと消化できないということは、栄養の吸収効率も悪くなると考えられるので、不安な場合は主食として常用しないほうが無難。

　与え方はいずれもピンセットで与えるか、活昆虫であればケージ内に放して（ばら撒き）で与えるかどちらかとなるが、これは飼育する種類の特性に合わせるか、自身のやりやすい方法で良い（P.33「日々のメンテナンス」参照）。個体差もあるので、購入する際、その個体の特徴や今の餌の与え方を聞いてみると良い。特にやや神経質な種類や小型の種類は、ピンセットでの給餌に慣れるまで時間を要する個体も多く、小型の種類に関しては物理的に不可能な場合も多いので、臨機応変にやり方を変えよう。使用するピンセットは木製でもステンレス製で

脱皮前で古い皮が浮き上がり全身が白っぽくなっている

もどちらでも良い（飼育者が扱いやすいほうで良い）。ステンレス製は生き物の口を痛めるという意見もあるが、筆者は20年近くステンレス製のピンセットで全てのメンテナンスをしているが、それが原因で怪我をしてしまった個体はない。扱い方次第だろう。衛生面を考慮したら、筆者はステンレス製を推奨したい。

　これらの餌昆虫にサプリメントを併用する。主にカルシウム剤とビタミン剤で、紫外線を当てずに飼育する生き物にはビタミンD_3入りのカルシウム、紫外線を当てて飼育するヤモリにはビタミンD_3なしのカルシウムを中心に使うようにする。ビタミンD_3というのはAやEなどとは役割が全く異なり、カルシウム分を効率的に体内に吸収できるよう補助をするための成分であり、脊椎動物にはなくてはならないものだ。紫外線を浴びることによって体内で形成されるビタミンであり、人間も日光を浴びると体内で作られる。昼行性で日光（紫外線）を当てて飼育する生き物に、さらにD_3入りを与えてしまうと過剰になってしまう可能性があるため、主にD_3なしやD_3含有量の少ないも

のを使う。夜行性の種類は明るいうちは不活発で日光浴をする生き物ではなく、紫外線を当てて飼育することも少ないためサプリメントから摂取させる。ただ、本来紫外線をあまり必要としない生き物は、必要とする生き物に比べるとD_3は過剰に必要とせず、過剰摂取は肝機能障害や食欲不振などの悪影響も懸念される。産卵などのためにカルシウムをたくさん摂取させたい場合は、D_3を含まないカルシウム剤を併用するなど工夫したい。

　カルシウムと共にビタミン剤（マルチビタミンなど）も積極的に使いたいサプリメントだ。近年ではビタミン（AやEなど）やその他微量元素の重要性が注目されている。特に爬虫類飼育において重要かつ必ず起きる事象として脱皮が挙げられるが、脱皮においてビタミンは密接な関係を持っている。人間に置き換えればわかりやすいが、人間も「ビタミンを摂取しお肌をケアしましょう」と言われることがある。脱皮というのは皮膚の再生であり、それを促すのがビタミン（主にB群）である。不足すると脱皮不全が頻発したり、他にも目の異常などさまざまな部分に影響が出る可能性がある。昔から本などでカルシウムは必須とされていて飼育するにあたって使う人は多いが、ビタミンはまだそこまで浸透していないのが現状なので、カルシウムを使うのと同時に各種ビタミン剤も使う癖をつけよう。ただし、ビタミンもカルシウム同様に過剰摂取は悪影響になる場合もあるので、たとえば、給餌のたびに交互に使うなどの工夫をする。いずれの場合も、主な使い方はコオロギが薄っすらと白くなる程度に付けて与えれば問題なく、あ

まりに真っ白になるほどサプリメントを付着させてしまうと味が変わってしまい、まずくなるのか食べなくなってしまう個体もいるので、特に導入初期は少なめに付けて与えると良い。近年ではビタミン群とカルシウムが一体型となったサプリメントも発売されているので、それらもうまく利用したい。

果実食種向け人工飼料について

　ミカドヤモリの仲間やクチサケヤモリの仲間・ヒルヤモリの仲間・マルメヤモリの仲間などは花の蜜や果実（果汁）を好んで食べる。一部の種類は昆虫類よりも食べる比率が高いともされ、多くの人工飼料が開発・発売されている。レパシー社から発売されている各種人工飼料をはじめ追随するように各メーカーも参入。主にミカドヤモリの仲間を対象としたものが多いが、その他の果実食性のある種類にも流用でき、効果は高い。同じメーカーのものでもたくさんの種類が揃うので迷うかもしれないが、味の違いはもちろん、幼体に向けたものや成体に向けたもの・動物質の多めのタイプなど、成分も少しずつ異なっている。選び方がわからない時はお店に相談すると良い。カルシウム分は人工飼料の中に十分含まれているので添加は不要なもの

の、産卵前後のメスなどに与える場合は多少追加して混ぜ込んでも良い。なお、一部の飼育者から「○○社のは食べない」というような声も聞かれる。実際、筆者の店舗でもそのような相談がある。ただ、筆者が今まで多数の製品をミカドヤモリやヒルヤモリの仲間などに与えてきたが、対象さえ間違えなければ一部の商品を除き全く食べない個体はあまりいなかった。では、食べない原因はどこにあるのだろう。多くの場合、「作り方のミス」が原因なこともある。作り方が下手でまずいから食べてくれないのである。人間でも同じ素材を使ったところで、料理の下手な人の料理はまずい。たとえば、レパシー社製のものはボトルの作り方の部分に「ケチャップのような」という文言が出てくる。ここだけを捉えてしまっている人が多いが、よく読むと「数分経つとケチャップのような硬さになる」とある。そう、混ぜた当初からケチャップの硬さにしてはいけないのである。最初はだいぶ薄めと思えるくらいでちょうど良い。数分経つとやや固まってとろみがついて、ちょうど良いあんばいとなる。舐める力が弱い幼体や小型種には、濃すぎる（固すぎる）とすぐに食べなくなってしまう傾向にあるので、幼体期はやや薄めに作ると良いかもしれない。

　なお、ミカドヤモリ向けの人工飼料のことをたまに「練り餌」と表現する人がいるが、

練り餌ではない。ペーストという表現すらもやや違うかと思う。やや極端な言い方だが、ほぼ「液体の餌」「流動食」的なものだと考えてほしい。水分量を調整して、液体の濃さを変えることでも個体の反応が変わる場合もあるので試してほしい。人間でも味噌汁の濃さに好みがあるように、ヤモリにだってそれはある。「水分が足りないどろどろの餌＝味噌を入れすぎた塩辛い味噌汁」と考えれば、ヤ

モリも口にしたくない。仮に食べたとしても栄養過多になってしまう危険性もあるので、基本に忠実に作り、場合により多少の水分のプラスマイナスやフレーバーのミックスなど、アレンジしてみてはいかがだろうか。

PERFECT PET OWNER'S GUIDES

その他の人工飼料について
Column

　近年は日本に限らず世界的に爬虫類の飼育人口が増え、それに合わせて国内外の各メーカーから人工飼料が次々と発売されている。対象種を絞ったものも多く、しっかりと研究されており、人工飼料のみで終生飼育、および繁殖まで十分可能というデータが出ている。これは飼育者からすれば心強いアイテムであり、コオロギをなかなか買いに行けない地域の人や家庭の事情でコオロギをたくさんストックすることが難しい人などにはありがたい存在だ。しかし、「虫が触れない（嫌い）な人でもこれを使えば飼育できます」という謳い文句（売り文句）は、筆者としては良くないと考えている。「昆虫が絶対に触れない人や家に持ち込むことのできない人は、少なくとも昆虫を食べる生き物の飼育は諦めてください」と筆者はお客さんに伝えている。家庭の事情でコオロギを管理することが難しいから、ひとまず人工飼料で飼育を開始することには反対しないし、悪いことだとも思わない。しかし、人工飼料を食べなくなってしまった時、虫が絶対に触れないという人はどうするのだろうか。家庭の事情でストックできないという人なら、とりあえず食べきる分だけ買って与えようということができるだろうが、虫が触れないという場合、餓死するのを待つだけなのか…。「虫が絶対に触れない」という人に、昆虫食の爬虫類の飼育は無理だろう。人工飼料は「必ず食べる餌」というわけではないということは覚え

ておこう。
　そういう意味も含め、昆虫食の爬虫類向け人工飼料はあくまでも「お助けアイテム」の延長だと捉えるべきだ。勘違いしている人がたまにいるが、人工飼料を使ったほうが良い、もしくは使わなければならないというものでもない。あくまでも虫を与えることが大前提で、自身の生活スタイルや家庭の事情によって人工飼料の助けを借りながらうまく飼育したい。
　人工飼料（先述の果実食種向け以外）への反応であるが、今回紹介している中ではササクレヤモリの仲間の一部とトゲオヤモリの仲間・チビヤモリの仲間（小さくする必要はある）・グローブヤモリなどが比較的良い個体が多い。また、ヒルヤモリの仲間は果実食向けのものはもちろん、昆虫などが主原料のその他の人工飼料への餌付きも良い個体が多い傾向にある。とはいえ、店頭で販売されている個体は人工飼料に餌付いていないことも多い。それはお店が悪いわけでも何でもなく、人工飼料への餌付けはあくまでも「おまけ」なのである。それを常に求めることはナンセンスであり、「人工飼料に餌付いていないことが当たり前」「餌付いていたらラッキー」だと考えてほしい。爬虫類先進国であるドイツやオランダの愛好家やブリーダーにおいて、果実食性向けの人工飼料以外の人工飼料を積極的に推奨したり、餌付いていることを売りにしている事例はほとんどない。

PERFECT PET OWNER'S GUIDES

Chapter 3

Feeding and Maintenance

日々のメンテナンス

どの種類・飼育タイプにおいても、案外やることは少ない。霧吹き・給餌・目立つ糞や尿酸の除去・水入れを入れている場合は水換え、このくらいである。ここでは特に重要な霧吹きと給餌のポイントについて、タイプ別に紹介する。

樹上棲および半樹上棲の乾燥タイプ

　ほとんどの種類において、過剰な加湿は必要ないが、水入れというものは、特に樹上棲種に対してはあくまでも補助の役割であり、給水は霧吹きで行うことが望ましい。10cm以下の小型種やイシヤモリの仲間・コノハヤモリの仲間などは、乾いた環境を好む一方で脱水にはあまり強くない。そういう意味でも、通気の良いケージを使っているようであれば、どの種類も最低2日に1回程度はケージ全体が軽く濡れる程度に霧吹きを行う。ケージの通気性を見ながら、湿り気が続くようであれば霧吹きの量や回数を調整すると良いだろう。

　給餌に関しては、種類によっても多少異なるが、成体の場合、基本的に小型種は1〜3日に1回程度、大型種や人工飼料を中心に与える種類（ヒルヤモリなど）は週に2回程度の給餌がベースとなる。昆虫を与える場合、どの種もピンセットからの給餌でも良いが、この仲間は慣れにくい種類も多い。また、動きの速い種類の場合は脱走のリスクを減らす意味でも、基本的には投げ込み（ばら撒き）を推奨する。

地上棲の乾燥タイプ

　霧吹きは樹上棲タイプと同様、霧吹き＝給水となる。この仲間は雨の少ない荒れ地や砂漠に生息する種類も多く、それを聞いて「水分をあまり必要としない」と捉えがちだがそうではない。そのような地域は昼夜の寒暖差が大きい。特に海や大きな河川・湖に近い地域では夜露や朝露・霧が毎日のように多く発生し、生物たちはそれを飲み水としていることが多い。季節にもよるが、ほぼ毎日のように飲み水に巡り合えると考えるのが自然だろう。よって、砂漠や荒れ地に棲む仲間にも、最低2日に1回程度（乾き具合によっては毎日）、ケージ全体が軽く濡れる程度に霧吹きを行いたい。ただし、蒸れてしまうことは厳禁。湿り気が続くようであれば霧吹きの量や回数を調整したり、場合

によっては通気性を上げるためにケージを改良・変更する必要がある。給餌については樹上棲種に準ずる形で問題ないが、幼体や亜成体・小型種に関しては、よりこまめな給餌を行いたい。

樹上棲および半樹上棲・地上棲の湿潤タイプ

湿潤タイプに関しては、メンテナンスはほぼ共通のためここにまとめる。霧吹きは、給水と共に保湿の役割も兼ねる。ヘラオヤモリの仲間やマソベササクレヤモリ・ミヤビササクレヤモリなどは乾燥に弱い一方で、通気性の悪い蒸れた環境も嫌うため、通気の良い環境を用意しつつ、頻繁な霧吹きが必要となる。最低限1日1回、できれば朝と夜に1回ずつ行うなど、複数回の噴霧が望ましい。難しいようであれば、近年メーカーからも発売されているミスティングシステム（自動霧吹き装置）を活用するなどして対応しよう。その他多くの種類に関しては、ひとまず1日1回程度の霧吹きが行えれば十分。ケージの通気性を見ながら霧吹きの量や回数を調整する。通気が伴わない過剰な加湿は厳禁で、「乾きすぎないように気をつける」という感覚がちょうど良い。

給餌は乾燥タイプに準じて問題ないが、低めの気温を好む種類は代謝も低めな場合が多く、給餌の量と回数をやや少なめにすると良い。ミカドヤモリの仲間は近年、人工飼料で飼育するスタイルが一般的となっているが、その弊害と考えられる肥満個体が多く見かけられる。人工飼料は栄養価が高く、週に何度も満腹になるほど与えてしまうと確実に栄養過多となる。「満腹」を基準とせず、体型を見ながら量や種類を調整し、昆虫を併用するなどして肥満にならないよう注意しよう。

個体の移動方法

筆者の考えだが、ヤモリを含む爬虫類の飼育において飼育個体に触れることは最低限に留めることが望ましい。ストレスの面はもちろん、動きの速い種類や神経質な種類も多く、脱走や怪我というリスクを最小限に抑える意味もある。しかし、飼育をしていく中でどうしてもメンテナンスやケージの入れ替えなどで個体を捕獲しなければならない場面が生じる。

主な手法だが、動きの遅い種類の場合は普通にケージを開け、樹上棲・地上棲どち

らの場合も個体の腹側に滑り込ませるように手の平を入れ、包み込むように軽く握って捕獲する。指で摘むように個体を捕獲することは、爬虫類全般が嫌がるため、絶対にしてはならない。スキンクヤモリの仲間（*Teratoscincus* spp.）やバクチヤモリの仲間（*Geckolepis* spp.）など鱗が剥がれやすい種類に関してだが、下手に中途半端な力で保定しているとよけい鱗を剥がしてしまうことがある。それは手から逃げようとする時に指の間で擦れる際に起こる。よって、手の間で擦れない（動かない）ように、ある程度しっかりと掴むことが大切となる。ただし、力加減は口で説明できるものではなく「習うより慣れろ」ということになってしまうことは了承頂きたい。

　問題は動きの速いタイプだが、まずヒルヤモリなどの樹上棲種（つるつるとした壁を登れるタイプ）に関しては、慣れない人は「逃す前提」「逃がしてからが勝負」という考えで行う。下手にケージの蓋を少しだけ開けてちまちまやろうとしても、ヤモリのスピードには敵わない。それならば、「安全な場所に逃がしてからゆっくり捕まえる」というスタイルを推奨する。小さめのケージなら、大型のゴミ袋などを用意してその中にわざと逃がしてから、ゴミ袋の口を閉じながら中で個体を押さえるように捕獲すれば良いだろう。ゴミ袋はつるつるしているだけでなく、ヤモリの指がやや貼り付きにくい素材が多いことも利点。ゴミ袋に入らないようなケージであれば、蚊帳や簡易テント（着替えに使用するものなど）を利用する方法が一般的で、それらにケージごと入りその中で捕獲すれば、もし逃がしてしまってもその中に

逃げるだけなので問題ない。トイレや風呂場など、逃げ場所が少ないような場所でやるのも良いだろう（排水溝や換気扇などの隙間は事前に塞いでおく）。

　爪があり、つるつるした場所を登れない地上棲種や半樹上棲種などは、大きな衣装ケースやプラケースの中で作業をしたり、それこそバスタブの中を利用すれば、少なくともその中からは逃げないので安心できる。こちらも下手にケージの中だけでうまく捕まえようとすると、腕などを駆け上がられて逃げるという事例が多いため、必ず「逃げても大丈夫な場所」で行うようにする。

　個体自体の捕獲方法に関して、カップなどを被せるように捕獲することも多いが、特に動きの速い種類は、狙いを定めてカップを被せようとすると、個体が逃げようとして少しずれて尾を挟んでしまう事故が多い。使用するカップを大きくすれば多少解決するのだが、大きなカップは手に納まらないうえに取り回しも悪いため、筆者は小さめの捕虫網や熱帯魚飼育に使う水槽用ネット（網）を推奨する。多少のリーチもあり、ヤモリが逃げにくいという利点もある。カップ同様、やや大きめの物を使い、躊躇せずに思い切って被せるようにしよう。特に動きの速い種類を飼育している人は、2〜3サイズを揃えておきたい。

脱走させてしまった場合の対応

　前項「個体の移動方法」から繋がる部分もあるが、ヤモリの飼育において脱走は発生しやすいトラブルだ。ヘビやオオトカゲと

いったパワーで逃げるタイプとは異なるが、小さな種類は思いがけない隙間から、動きの速い種類は捕獲ミスや一瞬の油断からなど、理由はさまざまである。万が一脱走させてしまった場合、どうしたら良いのか。まず大前提として、屋外への脱走が最悪の事態。全ての種類において家の外に絶対に出ないような対策をしておく。脱走を確認した場合、早急に隙間という隙間を塞ぎ、窓が開いている場合は窓を閉める。仮に見つからなかったとしても、最悪家の中で死んでいてくれることが望ましいと考えてほしい。目の前で逃げてしまった場合を除き、物の多い家の中で自力で探すことは困難だ。よって、時間（日数）をかけて捜索することとなる（そのための屋外脱走防止対応でもある）。念のため可能性がある場所をひととおり探す。冷蔵庫の裏や洗濯機の裏・大きな食器棚の裏とその隙間など、1人では移動できない家具や電化製品の周囲に潜んでいる可能性もある。自身で探して見つからなければ、その後の対処として2とおりのパターンがある。

　1つは偶然の遭遇を狙う方法。夜行性種は真っ暗になったら活動を開始することが多く、夜に仕事から帰って来て電気を点けたら、床を歩いていたり壁を這っていたりする可能性が意外と高い。点灯直後の数秒に全神経を集中し、視界に動くものが入り込まないか注視しよう。一方、昼行性種は朝が狙い目。朝日が差し込むカーテンレールの上や窓際などに日光浴に出てくることが多い。紫外線蛍光灯などを使っている場合はその周りに出てくることも多いので、その周りを注視すると良いだろう。

　もう1つはトラップを仕掛ける方法。主ににおいに反応する果実食性の種類で、特に樹上棲種が対象。脱走した個体の全長の倍以上の高さがある入れ物（バケツやゴミ箱など）を用意し、底の中央付近にバナナやマンゴー・甘いにおいの強い人工飼料の粉など、おびき寄せるための餌を皿に入れて置いておく。次に、その周りに小麦粉やカルシウムパウダーなど細かい粉末を多めに撒く。これをヤモリが潜んでいそうな場所（逃げた場所に近いと良い）に、壁に接するように設置する。やがて、においにつられてヤモリが中に入り、餌に近づいて食べるだろう。その時、周囲にある粉末が指裏（趾下薄板）に付着してファンデルワールス力を失い、トラップから出ようと思っても滑ってしまい壁を登ることができずに出られなくなる、という方法である。昆虫を餌としている種類でも試すことはできるが、においでおびき寄せることができる種類に比べると成功率は極端に下がるだろう。

健康チェックなど

　飼育している生き物を毎日しっかりと観察していれば、もしも個体に異常（病気や怪我など）が出てしまった場合も早く気づけるだろうし、それによって大ごとになる前に対処できる可能性が高い。近年では爬虫類を診てくれる病院も増えたが、まだまだ数は少ないうえに獣医師ですらわからない症状が多いため、可能なかぎり病院に行かずに済むように予防・対処したいところである。ここに、ヤモリの飼育で多い症例を挙げておく。

❶脱皮不全　❷クル病
❸下痢　❹食欲不振

❶の脱皮不全に関しては、爬虫類飼育において切っても切り離せないと言っても良いものだ。特にヤモリの仲間の多くは皮が薄く、ケージ内が乾きすぎたりしていると表皮がちぎれやすくなり残りやすい。体の広い部分に多少残っているような場合は放っておいても問題ないが、指先や尾の先・指の裏側に残っている場合は要注意。ケージの壁に貼り付けない状態だったり、四肢の動きが急に不自然になっていたら、皮が裏に残り邪魔をしていることがある。特に指の裏側は飼育者から見えにくいため発見が遅れる場合があり、動きを観察して早期発見に努めたい。脱皮というのは、代謝をして古い角質層を捨てる、または成長に伴うものという面がある（爬虫類の場合、成長と脱皮の関連性は薄いとされているが無関係ではないと考えられる）。古い皮の下に新しい皮が作られるのだが、脱皮不全によって古い皮が指や尾先に巻き付くように残っていると、新しい皮が古い皮に押し付けられて指を締め上げられているのと同じ状態となる（輪ゴムで指をしばるようなイメージ）。そうなると、血流が悪くなって、最悪の場合、指先が壊死してしまう。「指欠け」という表記を目にすることもあるが、原因はそこにあることも多い。指先がなくなっても死ぬことはないのだが、見ためも痛々しいしかわいそうなので、こまめな観察で未然に防ごう。ケージ内の乾燥状態が続いてしまうことが主な原因となる場合が多いので、乾燥しやすい冬場などは霧吹きの回数を増やしたり、地上棲種に関しては保湿できるシェルター（ウェットシェルター類など）を使うなどの対処をする。「餌の種類と給餌」（P.28）の項でも触れたが、ビタミンB群の不足など体内の栄養バランスの問題である可能性もある。肌にかける脱皮促進剤なども時には有効だが、基本的なことを改善しないと脱皮不全が続く可能性も高くなってしまうので、飼育環境や餌・サプリメントなど根本的な部分の見直しをする。

❷はクル病である。これも爬虫類全般、ひいては人間にも起こり得る病気であり、簡潔に言ってしまえば骨が脆く弱くなってしまう病気である。カルシウムのサプリメントなどをあまり使わず幼体を育成した場合などに見られることがあり、最初は四肢（特に関節）の動きがやや不自然になってくる。その時に発見し対処すれば元に戻る（完治する）可能性があるが、進行し全ての関節の動きが悪くなり、顎の骨が脆くなって口が常に半開きの状態になってしまうと、完全な回復はほぼ不可能である。特にギガスカベヤモリやヒルヤモリの仲間の一部などはクル病になりやすい傾向があり、紫外線要求量が関係している可能性が高い。紫外線を浴びた脊椎動物の多くはビタミン D_3 を体内で作ることができ、このビタミン D_3 がカルシウム分を効率良く吸収するための手助けとなる。それを補うためにサプリメントからビタミン D_3 を摂取させることも可能であるが、それでは不十分で、摂取効率も異なると考えられる。クル病を未然に防ぐ意味でも、「照明器具」（P.27）の項で挙げた種類には紫外線ライトを積極的に使用しよう。勘違いされがちであるが、上記で説明したとおりクル病は

徐々に進行するもので（稀に例外はある）、ましてや数日のうちにクル病が原因で急死してしまうことなどほぼあり得ない。「クル病で死亡した」という話をたまに聞くが、そうであれば日々観察をしていれば、死亡するはるか前に何らかの予兆が見られることが多く、対処は可能だろうし、それによって大きく改善する例も多い。ネットの情報などを信用する「自己判断」は治るものも治らなくなってしまう可能性があるので、自信のない人は購入したお店や獣医に相談する。

❸の下痢についても、勘違いされがちな症状。細菌などが原因の下痢も十分にあり得るが、そうではないことが多く、単なる「食べすぎ」による下痢が目立つ。飼育者は、飼育している生き物が下痢をすると、真っ先に病気などを疑いがちで、それは悪いことではないのだが、冷静に考えてほしい。人間も食べすぎた時にお腹が痛くなって下痢（消化不良などによるもの）を起こすことがあると思うが、まさにそれと同じことが起きているだけではないだろうか。飼育温度が不足していると消化が不十分になって下痢になってしまうこともある。特に近年の飼育者は餌を過剰に与える人が多いように感じる。普段よりゆるい糞をしていたら、一度冷静になって、給餌の量や飼育温度を再確認してみよう。たとえば、しばらく給餌を止めて下痢が治るようなら給餌の量が多すぎた可能性が高い。それらを見直してもまだ下痢が続くようであれば、獣医や購入したお店に相談する。

❹は食欲不振（餌を食べないこと）である。これも爬虫類飼育全般において相談件数は多い。病気などによる食欲不振も十分考えられるのだが、そうではない場合も多い。季節による寒暖差がある地域に生息している種類で、成体もしくは成熟した個体は、1年間で何度か餌を食べなくなる時期が訪れる場合がある。例を挙げれば、アフリカ大陸・オーストラリア大陸・東アジア産の種類でよく見られる。多くの人は「拒食」と呼んでしまっているが、それはやや間違えた表現であり、言うなれば「習性（1年のルーティ

野生下で白蟻を捕食するシャムザラハダヤモリ

ン）」である。これは「繁殖」の項でも触れる「休眠期」とも関係している可能性が高く、いくらエアコンやヒーターなどで一定の温度に保っているつもりでも、多少の温度変化や季節の変化を感じ取り、体内時計が働いて餌を食べることを一時中断してしまうことがある。このモードに入ってしまったら、いくら餌を変えようが温度を変えようが何も食べないことが多い。対処方法はというと、時間が解決してくれるのを待つだけということになる。心配になる人も多いと思うが、栄養状態良く飼育している成体のヤモリであれば、水だけ与えていれば仮に1〜2カ月間餌を食べなくても何ともない。最もしてはいけないことは、過剰に飼育温度を上げることと強制給餌をすること。温度を上げることは対処として合っている場合もあるのだが、休眠の場合、代謝したくない状態なのに高温で無理に代謝を促してしまい「餌を食べないのに体が代謝してしまう」という何とも中途半端で良くない状況に陥りやすい。対処としては、通常の飼育温度よりも少し下げてしばらくクールダウンさせ、再び今までの温度に戻すというやり方が良い。これはちょっとしたクーリングのような意味合いがあり、冬が来たと思わせ、それをしばらく経験させてから再び戻すことによって、再び活動時期が来たと錯覚させる方法である。あまりに短期間（1週間など）だと体に負担が大きく意味もないので、1カ月単位で長い目で見ながら試してみよう。

なお、強制給餌は最もやってはいけない手段である。体は元気だけど根本的に体が餌を受け付けていない（必要としていない）、ただそれだけなのに、無理やり餌を押し込まれたらどうだろうか。あなた自身が、お腹が空いてないからご飯いらないと言っているのに、無理やりお米を流し込まれたらどうだろう。強制給餌を受け付けない個体がその場で拒否してくれればまだいいが、飲み込んでしまうと、後で吐き戻してしまうことが多い。そうなると無駄に体力を消耗させるだけなので、ヤモリにとってはいい迷惑なだけである。筆者の経験上、具合が悪いからと強制給餌をした爬虫類で復活を遂げた個体は、ほんの数％だと考えている。強制給餌を安易に「給餌手段の1つ」のように考えている人が多いが、調子の悪い生き物や食欲のない生き物に対しては逆効果な場合がほとんどだ。やむなく強制給餌を行う場面としては、まだ餌を食べていない幼体の生き物に飼育下での餌を覚えさせる、野生採集個体（WC個体）でなかなか頑固にコオロギなどを食べてくれない個体にやむなく行う、偏食のヘビなど餌を思うように食べてくれない個体に体力付けのためにする、この程度である。それ以外の場面での強制給餌はやめたほうが無難だ。どうしても心配ならば、まずは獣医やお店に相談してアドバイスをもらおう。

いずれの場合も、筆者は医師免許を持っていないため詳しい治療方法などを紹介することができない。心配な場合はまずは購入した店に相談して対処方法を聞き、店でどうにもならないような症状であると判断すれば爬虫類を診てもらえる病院などを紹介してくれるであろうし、民間療法や日々のメンテナンスで対処できるようであればその旨を伝えてくれるだろう。

PERFECT PET OWNER'S GUIDES

Chapter 4

Breeding Geckos

ヤモリの
タイプ別 繁殖

繁殖。それは飼育技術の集大成とも言える一大イベントだと言える。近年はSNSなどの発展に伴い、国内外問わず飼育者同士の情報交換が盛んになり、昔に比べてさまざまな種類の繁殖例が聞かれるようになった。特にヤモリは爬虫類全体を見渡しても繁殖例の多い分野だと思われる。しかし、雌雄が揃えば簡単に殖えるわけではない。しっかりと下準備をしたうえで臨もう。

スタンディングヒルヤモリの親子

国内で繁殖されたオウカンミカドヤモリ。数多くのヤモリたちが愛好家たちの手で殖やされる時代になった

繁殖の前に…

　近年では、さまざまな爬虫類・両生類が飼育されているが、以前に比べ繁殖を目指して飼育する人が増えたように感じる。世界全体が野生生物の保護に力を注ぐ傾向にあり、ペット市場も野生個体の流通が減少しているなか、繁殖個体（CB個体）の出回る数が増えることは良いことだろう。しかし、最初に釘を刺しておくが、「爬虫類の繁殖」というものは一部の種類を除き基本的には難しいものであり、ペアを揃えれば簡単に殖えるというようなものではない。飼育前から繁殖を考える人もいるが、まずは最低でも1年間、その種類をしっかり状態良く飼育ができてから繁殖を視野に入れるべきだろう。今回取り上げているヤモリの仲間は雌雄判別が容易な種類も多く、ペアで販売をされることも多いせいか勘違いする人が散見されるが、「ペアで売られている＝すぐに繁殖ができる」というわけではない。冷静に考えてみてほしい。タマオヤモリの仲間な

どを筆頭に、ペアで10万円・20万円する種類もざらに見られるのだが、それらが誰でも継続的に繁殖させることができるのなら、とっくに価格は大きく下がっているはずだ。そう、高価な生き物は「誰にでも簡単に殖やせるものではない」が故に高価なのである。先述のとおり、繁殖を目指すことは悪いことではなく、むしろ積極的にチャレンジしてもらいたい。ただし、成功までの近道はなく、努力や研究が必要となる場合が多い。「繁殖＝努力と研究の結晶」「飼育成功の延長が繁殖」と考えたうえで、トライすべきだろう。

なお、爬虫類の繁殖をさせるにあたり、繁殖させた個体をどうするかという問題になるが、必ず将来を見据えてから殖やすこと。仮に、定期的に不特定多数に販売、もしくは譲渡をする場合、2024年8月

孵化直後のマルガオヒルヤモリ

現在「第一種動物取扱業登録」という資格が必須となる。これを所持せずにイベントなどに出展することは不可能であり、個人売買やお店への継続した卸販売も違法となってしまう（無償譲渡を含めて）。このことを頭にしっかり入れて、計画的に繁殖を行うようにしなくてはならない。もちろん、繁殖させるだけであれば資格などは何もいらないので、生まれた個体全てを自分で飼育するならば問題はない。

乾燥系樹上棲種の例

◎代表種：ヒルヤモリの仲間（マルガオヒルヤモリやスタンディングヒルヤモリなど）・カベヤモリの仲間・ナキヤモリの仲間など

◎雌雄判別と年齢：前肛孔の有無と総排泄口の膨らみ（クロアカルサックの有無）で行う。やや困難な種類が多く、若い個体だと見慣れた人でないと間違うことも多い。ヒルヤモリの仲間などは捕獲してじっくり見るのをためらってしまうかと思うので、心配な場合はより確実に1年程度かそれ以上経過した段階で確実に判断する。ヒルヤモリやカベヤモリの仲間は総排泄口の膨らみがあまり目立たない個体も多く、特にカベヤモリの仲間は、壁に貼り付いたままの状態でぱっと見ただけでは膨らみがわからないかもしれない。前肛孔が目立たない種類が多く、膨らみのみで判断することになる場合が多いため、自信のない場合は信頼できるショップで購入し、店側に判断してもらうと良い。いずれの種類もオスが大型になり、メスが

孵化直後のムーアカベヤモリ

1〜2回り小ぶりな傾向にある。

どの種類も（ギガスカベヤモリなど一部の種類は除く）ほぼ1〜2年前後で性成熟する。性成熟する頃からオス同士の闘争が激しくなる種類も多いので、複数を飼育してペアを組もうとしている場合は注意が必要。

◎**繁殖時のポイント**：全長15cmを超える種類も多く、特にカベヤモリやナキヤモリの大型種に関しては広いケージでないと繁殖行動を起こさないこともあるため、繁殖にはゆとりのある環境を用意しよう。冬季のクーリングは種類にもよるが、多くの種類において緩やかな温度変化を与えたほうが良い。全体的に15〜18℃前後、アフリカ原産の種類だともう少し落としても良いかもしれない。また、冬の間ずっとこの温度で管理するのではなく、日中はライトなどによって25℃前後まで上げ、夜間に15℃くらいまで落とすという方法も有効な場合がある。樹上棲種は地面に深く潜ることはなく気温の変化を受けやすいため、特にアフリカ大陸中部以北原産の種類など、四季の温度変化が大きい地域の種類には有効かもしれない。

◎**卵の管理**：いずれの種類も乾燥かつ、通気性の良い環境を好む。卵も一部の種類を除いて土中にしっかりと埋めるタイプではなく、植物やコルクの隙間・岩や壁の割れ目・樹皮の割れ目などに産卵するので、過剰に湿度のある環境を避けること。卵を湿度のある床材に埋めたりして管理するとすぐにダメになってしまう。空中湿度だけ多少保てる容器に、転がらないような工夫だけして卵を「保管」するイメージが望ましい。

スタンディングヒルヤモリの幼体。成体と異なり縞模様が入る

乾燥系地上棲・半樹上棲種の例

◎ **代表種**：マツカサヤモリ・ザラハダフトユビヤモリ・カータートゲオヤモリ・ヘルメットヤモリ・ハリユビヤモリの仲間・スキンクヤモリの仲間など

◎ **雌雄判別と年齢**：オスの前肛孔が目立たない（わかりにくい）種類が多く、基本的に総排泄口の膨らみで行う。大半の種類で、上や横から見ても膨らみがわかるほどになるため、性成熟した個体に関しては判別は容易。ただし、落とし穴があり、判別がわかりやすいがために性成熟が微妙な月齢の個体に対し早合点している例も多い。近年は個体の生育が早いわりに月齢が進んでいないことが多く「このサイズで膨らんでいないならメス」と考えると間違うことがある。小型種なら早い個体で生後3～4カ月でオスのきっかけが表れる個体もいるが、慣れない人は最低6～8カ月程度経過してから判断すると良い。その場合、個体のサイズはあまり関係ない（あくまでも月齢）。

性成熟自体はどの種類も1～2年程度、オスに関してはほぼ1年程度で繁殖可能となる。

◎ **繁殖時のポイント**：四季の温度変化が激しい地域の種類が多く、冬季のクーリングはほとんどにおいて必須と考えよう。15～18℃前後を基本とし、スキンクヤモリの仲間やトゲオヤモリの仲間はもう少し下げたほうが良いかもしれない。先述の乾燥系樹上棲種同様、昼夜でも寒暖の差を設けることも有効な場合も多い。その場合、夜間温度は15℃くらいかそれ以下

ザラハダフトユビヤモリの産卵

ザラハダフトユビヤモリの孵化

交尾するヘルメットヤモリ

ヘルメットヤモリの孵化

孵化するミズカキヤモリ

ヘルメットヤモリの幼体

ミズカキヤモリの交尾

孵化直後のミズカキヤモリ

までしっかり下げる。

◎**卵の管理：** どの種類も土中に埋めるタイプのため、基本的には一般的な卵の管理方法である、床材に卵を埋める孵卵となる。しかし、孵卵環境も乾燥を好む種類が多く、湿気の多い床材に埋めるとすぐに卵がカビたり腐ったりするだろう。卵自体は乾いた床材に埋め、空中湿度だけ確保するのがベストである。

湿潤系樹上棲種の例

◯代表種： ミカドヤモリの仲間・クチサケヤモリの仲間・トッケイヤモリ・マルメヤモリの仲間・ヘラオヤモリの仲間・ヒルヤモリの仲間など

◯雌雄判別と年齢： 前肛孔の有無と総排泄口の膨らみで行う。オウカンミカドヤモリなどは一定の月齢に達していれば膨らみが顕著になりわかりやすいが、それ以外は慣れていないと間違えやすい。この仲間の大型種（ツギオミカドヤモリやサラシノミカドヤモリ・トッケイヤモリ・ヘラオヤモリの大型種など）は成熟の遅い種類が多く、若い個体での判別は見慣れた人であっても間違えることがある。不安な場合、特にそれらの大型種は最低1年程度経過した時点で最終判断をする。マルメヤモリやヒルヤモリ・クチサケヤモリなどは成熟も早く、早い段階で判別できる場合もあるが、個体自体が小さいため誤認することもあるため注意。

小型種の多くは1年前後、中型種で1〜1年半前後、一部の大型種は2〜3年前後で性成熟する。コモチミカドヤモリなどは性成熟にさらなる年数を要するという説もある。

産み落とされたオウカンミカドヤモリの卵

オウカンミカドヤモリの卵

ツノミカドヤモリの卵

アオマルメヤモリの孵化

トッケイヤモリの幼体

◎**繁殖時のポイント**：大きな温度変化（四季）のない地域に生息する種類が多く、過度なクーリングなどは基本的に必要としない種類が多い。しかし、1年中全く同じ温度・同じ気候などという地域は存在しないため、ペアで飼育していても繁殖行動の兆候が見られなければ、飼育温度から5～7℃程度下げる期間を1～2カ月設ける、もしくは昼夜にそのくらいの温度変化を設けてみると良いだろう。マダガスカルやアフリカ原産の種類はそれに当てはまる場合が多い。

◎**卵の管理**：この仲間は樹上棲種なものの土中に産卵するタイプがほとんど。卵の管理は孵卵材を用意し、卵を埋めて管理（一般的な孵卵方法）が基本となる。温度は飼育温度を基本とし、温度が上がりすぎないよう注意する。湿度は、床材は軽く湿っている程度を保つことを意識し、見てわかるほど過剰に湿らせることだけは避ける。トッケイヤモリをはじめとしたコバンヤモリ属やヒルヤモリの一部など、床材に埋めない種類の場合は乾燥系樹上棲種の孵卵方法とほぼ同様で、若干空中湿度を上げる工夫をする（容器の中に水苔の塊を入れるなど）。

グロスマンマーブルヤモリと卵

マーテルヒルヤモリの卵

セントマーチンカブラオヤモリの幼体

ヤマビタイヘラオヤモリの卵

ヤマビタイヘラオヤモリの幼体

湿潤系地上棲・半樹上棲種の例

◎**代表種**：イロワケヤモリの仲間・チビヤモリの仲間・ササクレヤモリの仲間・ホソユビヤモリの仲間など

◎**雌雄判別と年齢**：総排泄口の膨らみで行う。イロワケヤモリの多くやチビヤモリの一部は体色が成熟に伴って雌雄で変化する性的二型が見られるため、判別は容易。一部を除き小型種が多く、性成熟の早い種類が多い。中～大型のホソユビヤモリなどを除き、半年～1年程度で雌雄判別が十分可能となり、ササクレヤモリの一部などは3～4カ月でも明確な差が出る。ただし、超小型種の場合は個体自体が小さくわかりにくい（間違える）ため、自信がない場合は信頼できるショップなどに相談しよう。

いずれの種類も1年～1年半程度で繁殖可能となる。

◎**繁殖時のポイント**：この仲間も大きな温度変化（四季）のない地域に生息する種類が多く、過度なクーリングなどは基本的には必要としない種類が多い。チビヤモリやイロワケヤモリの仲間は基本的に植物などでレイアウトしたケージに雌雄を入れ、そのまま飼育しながら「勝手に殖える

ダウンディンイロワケヤモリの幼体

タンビチビヤモリ（フーガチビヤモリ）の産卵

タンビチビヤモリ（フーガチビヤモリ）の幼体

ロサウラエチビヤモリの幼体

ソメワケササクレヤモリの卵

ソメワケササクレヤモリ。ホワイトという名の日本で作出された品種

シュトンプフササクレヤモリの幼体

ロサウラエチビヤモリ（オス）

のを待つ」スタイルとなる。ササクレヤモリの一部は早熟が心配されるため、あまりに早い時期（半年以下）で雌雄を同居させることは避ける（メスへの負担を避けるため）。いずれも適切な月齢に達していても繁殖行動の兆候が見られなければ、湿潤系樹上棲種の場合と同様に、飼育温度から5〜7℃程度下げる期間を1〜2カ月設ける、もしくは昼夜にそのくらいの温度変化を設けてみると良いだろう。

◎**卵の管理**：イロワケヤモリやチビヤモリの仲間に関しては、卵を取り出して管理するというスタイルではなくケージ内で全て完結させるのが一般的で、飼育者は普段どおりの管理をすれば良い。その他は卵を土に埋める孵卵方法となるため、孵卵材を用意し、それに埋めて育成する（一般的な孵卵方法）。管理の温度は飼育温度を基本として、やはり温度と湿度は上がりすぎないよう十分注意する。

オーストラリア原産の種類の例

◎**代表種**：イシヤモリの仲間・トゲオイシヤモリの仲間・タマオヤモリの仲間・ビロードヤモリの仲間・バイノトリノツメヤモリなど

◎**雌雄判別と年齢**：オスの前肛孔が目立たない（わかりにくい）種類が多く、雌雄判別は基本的に総排泄口の膨らみで行う。多くの仲間が、上や横から見ても膨らみがわかるほどになるため、性成熟した個体での判別は容易。一部のタマオヤモリや多くのビロードヤモリの仲間は性成熟に時間がかかり、ビロードヤモリではメスの総排泄口も多少膨らみが出るため、完全に成熟するまでは難しい。イシヤモリの仲間など小型種は早い個体だと3〜5カ月でオスのきっかけが表れる個体も多いが、その他は最低5〜6カ月程度、慣れない人は8〜10カ月程度経過してから最終判断をすると良い。

性成熟までは、イシヤモリの仲間やバイノトリノツメヤモリなどは1年前後、ビロードヤモリや多くのタマオヤモリの仲間で1〜1年半前後、サメハダタマオヤモリやオニタマオヤモリは1年半〜2年前後。焦らないことが大切で、これらの数字もあくまでも目安とし、特にメスに関してはじっくり育成してから交配させるようにしたい。なお、オニタマオヤモリの16歳になるメス個体が現役で産卵しているという事例がある。タマオヤモリにおいては以前からメスは10歳程度で"引退"と言われていた。あくまでも一例ではあるが、適切に個体管理をしていれば一般的な事例に関係なく長生きをして、子孫を残してくれる個体もいるだろう。

◎**繁殖時のポイント**：オーストラリアは日本同様に季節の温度変化が激しい地域が多く、冬季のクーリングはほとんどの種類において必須。冬季15〜20℃前後を基本として、夜間はさらに1〜3℃下げても良い。その温度の期間を2〜3カ月間（冬の間）続ける。希少種が多くためらうかもしれないが、決して中途半端な温度にならないよう注意（中途半端な温度でのクーリングは死のリスクが高まる）。

◎**卵の管理**：土中に埋めるタイプのため、基

ナメハダタマオヤモリの孵化

孵化直後のボウシイシヤモリ

オニタマオヤモリのペア

ニシキビロードヤモリの孵化

本的には一般的な孵卵方法である、床材に卵を埋めて育成する。近年は「タマゴトレー」と呼ばれるプラスチック製の孵卵専用のアイテムも販売されているため、利用する人も多い。これらの種類も過剰な加湿と高温は厳禁であり、卵自体は乾いた床材に埋め、空中湿度だけしっかり確保するスタイルが有効である。

共通の注意点やポイント

◎性成熟をじっくり待つ

　ヤモリに限らず近年多いが、多くの飼育者、特に経験の浅い方々が、交配を急ぎすぎる感がある。これはヒョウモントカゲモドキの飼育・繁殖が浸透していることが原

因なのかもしれない。たしかにヒョウモントカゲモドキは約1年程度、オスの場合はそれよりも早く繁殖可能になる場合もある。これを他の生き物にも当てはめて考える人が多いが、ヒョウモントカゲモドキが特殊なだけである。生後1年程度の個体を交配させて「殖えない」と言われても、それはそうだという話である。一部の小型ヤモリなどは同じくらいで性成熟する種類もあるが、基本的には2年程度、大型種など一部は3〜4年は必要だと思ってほしい。

◎接触を控える

繁殖を目指す際、生体に対するストレスは最大の敵であると言える。ストレスとひと口に言ってもさまざまで、環境そのものが合致していなければそれがストレスであるのだが、全てある程度整ったことを前提に言えば、あとは「人間の干渉」である。給餌・霧吹き・ケージの掃除のみ行い、ケージ内に手を入れたりする機会を極力減らそう。不必要なハンドリングも避けるべきである。また、ヤモリを捕食できそうな大きな生き物（犬や猫・オオトカ

じっくりと育て上げてから繁殖にチャレンジしよう

壁面に産み付けられたアサギマルメヤモリの卵

トッケイヤモリの幼体

ゲ・蛇など）を飼育しているなら視界に入れないようにする。

◎日照時間に変化を与える

　季節による温度変化のある地域が原産の種類は、冬季のクーリング（休眠期間）を筆頭として飼育温度に一定の変化を与えることで発情が促される（発情が起きる）。しかし、種類によってはそれだけではなかなか成功に至らない場合も多い。そこでもう1つ関連性があるとされているのが日照時間の変化である。夏季と冬季で温度と共に日照時間にも変化を与えることが、発情の促進になるという説が唱えられており、EU圏のブリーダーは積極的に取り入れているが、日本ではまだあまり一般的ではない。行き詰まった場合などは参考にしても良いだろう。

◎過食（太りすぎ）に注意

　果実食用の人工飼料を与えている場合に見られがちだが、近年はそのような栄養価の良い人工飼料が一般化し、生き物の「富栄養化」が進んでいる。繁殖させる親個体には相応の体力と栄養が必要だが、やたらに太らせれば良いというものではない。太った個体は往々にして発情が悪いことがある。これは食欲が満たされてしまうと性欲が湧かないとも考えられる。以前から言われているのは、過剰に飽食の状態だと命の危機を感じずに子孫を残そうという気概も薄れるという説。また、メスに脂肪が付きすぎていると、放卵した際に卵を抱えるスペースが脂肪で圧迫されてしまい、まともに放卵できないとも言われている。確実なデータを取ったわけではないので、あくまでも「傾向」ということで参考にしてみてはいかがだろうか。ただし、「餌不足」「体力不足」の状態では話にならない。給餌の量や間隔にメリハリを付けたり、時と場合によって餌の種類を変えたりして臨機応変な対応を心がけたい。

◎卵の高温管理はNG

　日本人はニワトリなど「鳥」の卵のイメージが強いためか「卵＝温める」と捉えてしまう人を多く見受ける。結論から言ってしまえば、爬虫類に対しては間違いである。誤解されるかもしれないが、飼育温度（卵を産んだ場所の温度）をそのまま保つような工夫をすれば良い。お母さんヤモリが「ここなら卵を産んでも大丈夫」と思って産んだ環境をむやみにいじくり回す必要はない。簡単な話で、エアコン管理している場合は、卵を入れた容器を飼育ケージの近くの安全地帯、たとえば手が当たって容器をひっくり返したりしないような場所に放置し、たまに様子を見るようにすれば良いのである。エアコン管理でない場合も、飼育ケージと同じ状況（気温）が用意できればどのような形でもかまわない。わざわざ孵卵器や冷温庫に入れて卵を加温するように管理する人ほど失敗する例も多い。飼育温度が低いヘラオヤモリやミカドヤモリ・クチサケヤモリ・ササクレヤモリなどは、過剰に温めて良いことは1つもない。「飼育温度から変化があまりないように管理する」という意識で孵卵しよう。

PERFECT PET OWNER'S GUIDES

Chapter 5

Picture book of Geckos

飼育タイプ別
世界のヤモリ図鑑
【樹上棲・乾燥タイプ】

マツゲイシヤモリ

Chapter 5
飼育タイプ別
世界のヤモリ図鑑
【樹上棲・乾燥タイプ】

- 別名（流通名）：――　●学名：*Strophurus ciliaris*
- 分布：オーストラリア（ノーザンテリトリー州・クイーンズランド州西部・西オーストラリア州北東部など）
※ビクトリア州以外の全ての州に分布　●全長：11〜13cm前後　●CITES：附属書Ⅲ類

模様などには個体差が見られる

体色の明暗はある程度変化させることができる

　目の上に大きな棘状の突起を持つことから和名が付けられた。ただし、トゲオイシヤモリ属（*Strophurus*）の他種にも同様の棘状突起を持つ種はいる。本種の大きな特徴として、尾や体に入る黄色やオレンジの不規則な模様が挙げられる。面積には個体差が大きく、ほぼ入らないような個体から尾の80〜90％が染まる個体までさまざま。本種は同属他種に比べると体の厚み（太さ）がある。尾の棘は他種よりも長めで、10cmをゆうに超える成体では見応えのある姿となる。西オーストラリア州が分布の中心である *S. c. aberrans* と、ノーザンテリトリー州が分布の中心である基亜種 *S. c. ciliaris* の2亜種に分けられる。亜種 *S. c. aberrans* は基亜種に比べると体に入る黒い不規則な模様が濃く目立つ傾向にあるが、個体差もあるので2亜種共に飼育をする際はラベリングをして混同しないように管理したい。

　丈夫な種だが同属他種よりも過度な低温に弱く神経質な一面もあるため、広めのケージで好きな温度帯をヤモリ自身が選べるようにすると良い。これは本属全体に当てはまる。全種が10cm前後の小型種なものの「10cmの生き物を飼育する」という考えではなく、やや広めのケージを使用するほうが飼育しやすくなる。これも本属の共通事項だが、紫外線要求量がやや高いため、紫外線ライト（中程度の紫外線のもの）は必須。主にEU圏で繁殖された個体が昔から少数ずつ出回っている。2022年に本種を含むトゲオイシヤモリ属全種がワシントン条約附属書Ⅲ類に掲載されたため輸出許可の申請や発行の問題でその前後に流通が一時減ったが、2024年現在、匹数こそ多くはないものの比較的安定した流通が見られている。

ミナミトゲイシヤモリ

Chapter 5
飼育タイプ別
世界のヤモリ図鑑
【樹上棲・乾燥タイプ】

- 別名（流通名）：インターメディアイシヤモリ ●学名：*Strophurus intermedius*
- 分布：オーストラリア（南オーストラリア州・ニューサウスウェールズ州中部以北・西オーストラリア州南東部）
- 全長：9～11cm 前後 ●CITES：附属書Ⅲ類

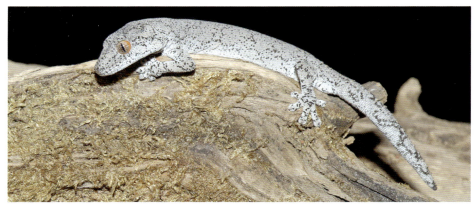

東部個体群

南部個体群

　ミナミトゲイシヤモリと呼ばれることは少なく、学名由来のインターメディアイシヤモリの名で流通することが多い。灰色ベースに黒の不規則な網目模様という大理石のような体色は上品で美しい。後頭部から尾先にかけて走る2本の棘状突起の列が赤みがかる個体も見られる。尾から背中にかけての棘は、他種に比べると短く目立たない。亜種分けこそされていないが、生息地東側の個体群をイースタンフォーム、それ以外の地域（主に南オーストラリア州）の個体群をサウザンフォームとして分けられて流通することもある。ただし、完璧に区別ができるほど特徴があるかと言われれば疑問符が付くというのが正直なところだ。

　本属の中では丈夫で神経も図太く飼育しやすい。本属の飼育の基本を守って飼育すれば大きな問題はないだろう。EU圏で繁殖された個体が比較的安定して出回っているので、入手の機会は少なくないと言える。

クリスティンイシヤモリ

Chapter 5
飼育タイプ別
世界のヤモリ図鑑
【樹上棲・乾燥タイプ】

- 別名（流通名）：クリサリスイシヤモリ ●学名：*Strophurus krisalys*
- 分布：オーストラリア（クイーンズランド州北西部から中部にかけて）
- 全長：11〜13cm前後 ●CITES：附属書Ⅲ類

同属他種と比べて体全体にはっきりとした模様や差し色などがあまり入らず、独特な外見をしている。個体によってはベースとなる体色よりも濃いグレーの模様が不規則に入るが、それも他種に比べるとやや薄め。後頭部から尾先にかけて走る2本の棘状突は他種に比べるとやや小さめなものの、黄色やオレンジ色で体色の薄さも相まって他種よりこの部分が目立つ。派手さはないものの上品な美しさを持つ種である。本種もマツゲイシヤモリのように目の上に棘状の突起を持つ点も特徴の1つ。

飼育に関しては同属他種に準じて問題ないが、大型になるわりにやや神経質な面がある。成長速度が遅いため、焦らずじっくり育てよう。流通は不定期かつ少数で年に数匹程度と入手のチャンスは稀。

ランキンイシヤモリ

Chapter 5
飼育タイプ別
世界のヤモリ図鑑
【樹上棲・乾燥タイプ】

- 別名（流通名）：— ●学名：*Strophurus rankini*
- 分布：オーストラリア（西オーストラリア州西部の沿岸） ●全長：8〜10cm前後 ●CITES：附属書Ⅲ類

本属でもやや小ぶりで、なおかつ全体的に線が細い種。体色は先述のミナミトゲイシヤモリに似るが、本種のほうが全体的にややクリーム色がかっている。後頭部から尾先にかけて走る2本の棘状突は目立たず、全体的に滑らかな印象を受ける。

オーストラリア国内における生息地が非常に狭い地域（局所的）であることが物語っているのかもしれないが、飼育においては他種に比べるとやや気難しさがある。広めのケージに体の太さほどの枝などを多く入れて落ち着ける環境を用意したい。先述のクリスティンイシヤモリほどではないものの、本種も流通は不定期かつ少数であり、入手のチャンスは少ない。

ヤワトゲイシヤモリ

- 別名（流通名）：スピニゲルスイシヤモリ　●学名：*Strophurus spinigerus*
- 分布：オーストラリア（西オーストラリア州西南西から南西部の沿岸）
- 全長：11〜13cm前後　●CITES：附属書Ⅲ類

基亜種 *S. s. spinigerus* と思われるもの

亜種 *S. s. inornatus* と思われるもの

　主に学名由来のスピニゲルスイシヤモリの名で流通することが多い。白に近い明るい灰色のベース色で、背中には後頭部から尾先にかけて黒いジグザグの太いストライプが入る。ストライプの濃淡には個体差があり、黒くはっきりと出ている個体はコントラストが美しく、目を見張るものがある。尾の棘も黒く、マツゲイシヤモリと同様に長いため目立つ。西オーストラリア州西端の沿岸部が分布域で、生息域の北側に分布する基亜種の *S. s. spinigerus* と、南側に分布する亜種 *S. s. inornatus* の2亜種に分けられる。亜種 *S. s. inornatus* は基亜種に比べると背中に入る黒いジグザグのストライプが薄くぼやけ、さらに乱れている傾向がある。虹彩の色に違いが出ると言われており、基亜種が明るい黄色に対し、亜種はオレンジ色の目を持つとされる。ただし、現在の流通の中心は基亜種であると考えられ、亜種は見る機会が少なめ。

　飼育は乾燥系の樹上棲ヤモリの基本を守って飼育すれば大きな問題はないが、生息域が近いランキンイシヤモリ同様、過度な低温には注意。同属他種同様、EU圏で繁殖された個体が流通するものの、安定しているとは言いにくく、飼育希望の場合はチャンスを逃さないようにしたい。

スジオイシヤモリ

Chapter 5
飼育タイプ別
世界のヤモリ図鑑
【樹上棲・乾燥タイプ】

- 別名（流通名）：キスジイシヤモリ　● 学名：*Strophurus taenicauda*
- 分布：オーストラリア（クイーンズランド州南東部）
- 全長：10〜12cm前後　● CITES：附属書Ⅲ類

　スジオイシヤモリと呼ばれることは少なく、古くからキスジイシヤモリの名で流通する。学名のタエニコウダと呼ぶマニアもいるだろう。灰色中心の種が多い本属では一線を画す見ためを持つ、マツゲイシヤモリと双璧を成す人気の美麗種。腰骨付近から尾の先端にかけて入る黄色（オレンジがかる個体もいる）のストライプはもちろん、体全体が黒のドット柄で覆われている点も大きな特徴。本種に大きな地域差があるという話は今のところ聞かないが、虹彩の色を分けて繁殖させているブリーダーもおり、赤みの強い個体群や白っぽい個体群などが分けられて流通することもある。

　飼育はマツゲイシヤモリなど同属他種に準じ、最低限のセッティング（レイアウト含む）やケージサイズを守っていれば、本属の中では飼育しやすい部類に入る。主にEU圏で繁殖された個体が昔から少数ずつ出回っていたが、人気種故にEU圏での繁殖が年々盛んになっているようで、2024年現在は定期的に安定した流通が見られている。

ウェリントンイシヤモリ

Chapter 5 飼育タイプ別 世界のヤモリ図鑑【樹上棲・乾燥タイプ】

- 別名（流通名）：—— ●学名：*Strophurus wellingtonae*
- 分布：オーストラリア（西オーストラリア州中部） ●全長：11〜13cm前後 ●CITES：附属書Ⅲ類

尾に並ぶ棘状突起が目立つ

　クリスティンイシヤモリに似た体色を持つ。体全体に明瞭な模様や差し色などがあまり入らず、活動時間帯である夜間に灰色の濃淡が多少背中に見られる程度。尾から背中にかけて並ぶ棘が特徴で、多くの個体は赤色、もしくは黒みがかった濃い赤色・オレンジ色など目立つ色合いを持つ。棘は太く長いため、やや地味な体色と対照的な印象を受ける。本種も目の上に棘状の突起を持つ種の1つ。

　飼育に関しては同属他種に準じるが、流通量が少なく飼育例も少ないためデータが少ない。西オーストラリア州内陸部が生息地ということもあり、過度な低温には注意しながら飼育したい。流通は不定期かつ少数で、EU圏で出回る数も限られている。国内には年間数匹程度で流通のない年もあるほどなので、入手のチャンスは限られている。

ウイリアムズイシヤモリ

Chapter 5
飼育タイプ別
世界のヤモリ図鑑
【樹上棲・乾燥タイプ】

- 別名（流通名）：―― ●学名：*Strophurus williamsi*
- 分布：オーストラリア（クイーンズランド州南東部広域・ニューサウスウェールズ州北東部から中部・南オーストラリア州南東部）　●全長：9～11cm前後　●CITES：附属書Ⅲ類

上品な配色をしている

　古くから流通が多く、最も見る機会が多いと言えるトゲオイシヤモリ属の代表種的存在。体全体に明瞭な模様や差し色などがあまり入らず、時間帯によって灰色の濃淡が見られる程度である。ミナミトゲイシヤモリに似ているが、本種のほうが尾から背中にかけて見られる棘状突起は長め。色が落ち着いた時に表れる模様は、ミナミトゲイシヤモリでは網目模様が基調となるのに対し、本種がどちらかと言えば細かいドット柄である点などが相違点として挙げられる。最大サイズは本種のほうがひと回り小ぶり。

　オーストラリア東部の広範囲に分布していることが示していると言えるかもしれないが、他種に比べて環境への順応性は高く、性格も物怖じしない傾向にある。本属の飼育スタイルの基本を守っていれば飼育やすい部類に入ると言える。古くから人気種であり、他種に比べて繁殖が容易なせいかEU圏での繁殖は同属別種よりも盛んで、2024年現在、定期的に安定した流通が見られている。

ハスオビビロードヤモリ

- 別名（流通名）：――　●学名：*Oedura castelnaui*
- 分布：オーストラリア（クイーンズランド州北東部）　●全長：15～17cm前後　●CITES：非該当

ビロードヤモリ属（*Oedura*）では見る機会の多い代表的存在。名のとおり、真っ直ぐのバンド模様ではなく、上から見るとV字のような帯模様が特徴。乱れている個体は「アベラント」などの名で売られていることもある。皮膚はビロードの名に恥じない感触で、いつまでも触っていたくなるほど心地良い。幼体は白色と黒色のバンド模様で、成体となるに従って変化していく。基本ベースがオレンジ色と白色・黒色であるが、濃淡に個体差がある。本属の大きな特徴として、昼夜（活動時間とそうでない時間）での大きな体色変化が挙げられる。明色と暗色と表現されることも多く、夜間（活動時間）の色合いは明色、そうでない時間（寝ている時間など）の色合いは暗色。体色変化は実際、多くのヤモリに見られるが、ビロードヤモリは顕著で、明色時は妖艶な色合いで目を見張るものがある。さらに本種には淡い色調のタイプが知られ、薄いオレンジ色と乳白色の帯が美しい。「アルビノ」と称される場合や「ハイポ」と称されることがあるが指しているものは同じで、T＋アルビノ（チロシナーゼプラスのアルビノ）だとされている。2000年代中頃から出回っており、他種には見られない変異個体で人気が高い。

見ためこそいわゆる壁チョロと呼ばれるヤモリに見え、動きの速い印象を抱かれがちだが、属中でも本種は落ち着いていて、性格も穏やかかつ物怖じしない個体が多い。やや湿度を好みそうな印象なものの乾燥を好む樹上棲種で、基本を守っていれば問題なく飼育できる。なお、ビロードヤモリ全般の特性として、樹上棲種だがケージ壁面に排泄物を付けることが少ない。理由は今のところ不明だが（尾を大きく上げて排泄をする習性があるからかもしれない）、「飼育してみたいけど壁チョロの仲間（壁面棲ヤモリ）は壁面を汚すのが難点」と思う人は、ぜひ飼育してみてほしい。

アルビノ

シモフリビロードヤモリ

- 別名（流通名）：ウェスタンマーブルビロードヤモリ　●学名：*Oedura fimbria*
- 分布：オーストラリア（西オーストラリア州東部）　●全長：16〜18cm 前後
- CITES：非該当

　以前は後述のマーブルビロードヤモリと認識されていたが、研究が進み、生息地の違いなどから2016年に本種として記載された。実際、マーブルビロードヤモリと酷似し、外見上での見分けは困難。差異を挙げるとすれば、本種の尾はより細く（太くならず）、頭幅よりも尾が太くなることは稀だというデータがある。ただし、栄養状態にも左右されるため判断が難しいところで、両種を飼育する場合は混同しないよう注意したい。

　飼育に関しては同属他種に準じ、乾燥を好む樹上棲種飼育の基本を守っていれば問題なく飼育できる。注意点として、尾が太くなりにくいのは本種の特性であるため、太らないと勘違いして過剰に給餌しないよう気をつける。初流通以後、EU圏で繁殖された個体が少数ずつ見かけられる。匹数こそ少ないものの比較的安定していると言えるため、入手のチャンスはあるだろう。

マーブルビロードヤモリ

- 別名（流通名）：マルモラータビロードヤモリ　●学名：*Oedura marmorata*
- 分布：オーストラリア（ノーザンテリトリー州北部・クイーンズランド州？）
- 全長：16〜18cm 前後　●CITES：非該当

幼体

　ハスオビビロードヤモリと並んで古くから知られる大型美麗種。幼体はハスオビビロードヤモリと似た白と黒に近い焦茶色のシンプルなバンド模様であるが、成体になるにつれて茶色の下地に黄色の斑紋が体全体に入る、本属の中でも派手な体色となる。白のバンドは残る個体と残らない（バンドの部分も黄色くなる）個体があるが、これは個体差。また、本種の身体的特徴として、ハスオビビロードヤモリ同様に過剰な栄養分を尾に貯めて太くなる。これはビロードヤモリ全般に言えることではなく、本種とハスオビビロードヤモリが特に顕著。

　丈夫な種であり、飼育は同属の他種に準じて問題ない。動きも比較的落ち着いている個体が多く、飼育下での扱いはしやすい。近年では流通がやや不安定で、EU圏から稀に繁殖個体が流通する程度。ここ数年の流通量はシモフリビロードヤモリと逆転した感もある。本種は国内繁殖個体が見られるがこちらもふんだんな量とは言いづらいため、入手を希望の際はチャンスを逃さないようにしたい。

コッガービロードヤモリ

Chapter 5
飼育タイプ別
世界のヤモリ図鑑
【樹上棲・乾燥タイプ】

- 別名（流通名）：——　● 学名：*Oedura coggeri*
- 分布：オーストラリア（クイーンズランド州北東部）　● 全長：11〜13cm 前後　● CITES：非該当

幼体

　本属では小型と言える珍種。他種に比べるとやや独特な模様と体色を持つ。幼体は他種同様のカラーリングで黒っぽい下地に白色または黄色い模様が入るが、他種のようなバンド模様というよりは細いラインもしくは小さな斑点となる。成体も同様に、バンド模様となる種が多い中で、本種は黄色の下地に白色または薄黄色の不規則な斑点が入る。尾は細めで、シモフリビロードヤモリと同じく基本的には頭幅よりも尾が太くなることは稀である。

　小型種ではあるが飼育に関しては同属の他種に準じる。ただし、動きはハスオビビロードヤモリなどと比べるとやや俊敏で、油断をしていると逃してしまう可能性があるので注意。流通は少なく、いつでも目にすることができるような種ではない。絶対的な流通量が少ないせいもあるかもしれないが、メスの数が少ない傾向が見られるので、ペアを入手することはやや困難と言える。

ニシキビロードヤモリ

Chapter 5
飼育タイプ別
世界のヤモリ図鑑
【樹上棲・乾燥タイプ】

- 別名（流通名）：モニリスビロードヤモリ　● 学名：*Oedura monilis*
- 分布：オーストラリア（クイーンズランド州東部から南東部・ニューサウスウェールズ州北東部）
- 全長：13〜15cm前後　● CITES：非該当

　ひと昔前まで流通量はさほど多くなかったが、近年はハスオビビロードヤモリに次ぐ、もしくは同等の流通量が見られるビロードヤモリの仲間の代表種的存在。体色や模様の個体差が大きい種であり、全体的に黄色みが強い個体ややや暗めの個体・模様の細かい個体・バンドのような模様が入る個体など同属他種よりも多様性が見られる。コッガービロードヤモリに似た個体もいるが本種のほうが大型で、基本的に四肢に白の濃い斑点は入らない（コッガービロードヤモリではそれが入る）。ただし、これで完全に見分けられるものではないため、同時に飼育する際は混同しないよう注意。

　丈夫な種で、飼育はハスオビビロードヤモリなど同属他種に準ずる。先述のとおり流通量は多く、現在では主にEU圏のCB個体が安定して輸入されていて、加えて、国内繁殖個体も少量ながら出回るようになっているため、入手のチャンスは多々あるだろう。

クラカケビロードヤモリ

Chapter 5 飼育タイプ別 世界のヤモリ図鑑 【樹上棲・乾燥タイプ】

- 別名（流通名）：──　●学名：*Amalosia robusta*（*Nebulifera robusta*）
- 分布：オーストラリア（クイーンズランド州東部・ニューサウスウェールズ州北東部）
- 全長：13～15cm前後　●CITES：非該当

　ひと昔前までは *Oedura robusta* として記載されていたが、2012年に分類が変わり、*Nebulifera robusta* となり、2023年には *Amalosia robusta* としてさらに変更された。*Amalosia* の仲間は他に4種が記載されているが、いずれの種類も *Oedura* から分けられた形である。本種を含むホソビロードヤモリ属（*Amalosia*）は、現在 *Oedura* に残った種類と比べると体型が細身で扁平であるという共通点がある。本種はビロードヤモリの仲間の中でも敏捷で、時にはヒルヤモリの仲間顔負けの動きを見せ、*Oedura* から外れたことも頷ける。色彩も他種とは一線を画し、成体に近くなるにつれて白黒が基調なモノトーン色が顕著になる。ビロードヤモリの仲間の大きな特徴である昼夜（活動時間とそうでない時間）の体色の大きな変化は他種ほどではない。柄も特徴的で、「鞍掛」の名のとおり、馬の背中にかけてある鞍のような模様が背中に並ぶ。バンド模様や斑点柄の種が多いため、ひと目で本種とわかる。

　特異な種ではあるが飼育に関しては特筆して難しい点はなく、ビロードヤモリの仲間の飼育で問題ないだろう。ただし、先述のとおり動きが想像以上に速いため、メンテナンス時に脱走させないよう注意。なお、やや臆病かつ神経質な性格で導入直後は落ち着くまで餌を食べないことがある。飼育開始をしたらしばらく過剰に手を加えないようにしたい。EU圏からCB個体が流通するが多くはないため、入手のチャンスは限られている。

エリオットコノハヤモリ

- 別名（流通名）：マウントエリオットリーフテールゲッコー ●学名：*Phyllurus amnicola*
- 分布：オーストラリア（クイーンズランド州北東部の沿岸の局所）
- 全長：15～17cm 前後 ●CITES：附属書Ⅲ類

　オーストラリアのクイーンズランド州北東部のエリオット山にのみ生息している大型のリーフテールゲッコーの仲間。名のとおり葉のような大きな尾が最大の特徴で、栄養状態の良い時は左右にしっかり広がり厚みも増す。一見するとマダガスカル固有のヘラオヤモリの仲間（*Uroplatus* spp.）に似るが近縁種ではなく、関係性はない。成体は灰色を基調として白色や黒色の不規則な形の斑点が入るモノトーンな体色を持ち、ビロードヤモリほどではないが活動時間とそうでない時間によって変化が見られる。本種は活動時間帯（夜間）は白色が基調となる美しい姿を見せるものが多く、愛好家を楽しませてくれる。本種を含めたコノハヤモリ属（*Phyllurus*）はその容姿からどう見ても樹木が主な生息地のように見られがちだが、実際はそうではない種類も多い。本種もそのうちの1つで、川沿いの大きな岩場が主な生活場所。日中は岩の隙間などに身を潜め、夜間は頭部を下にした状態で貼り付いて獲物をハンティングしている。種小名の *amnicola* は「川沿いに棲む」という意味を持ち、川付近への依存度が高いことが伺える。そのため、気温もやや低めを好む。

　飼育の際は、ミカゲコノハヤモリ（グラニットリーフテールゲッコー）など、ユウレイコノハヤモリ属（*Saltuarius*）ほどではないものの、28℃以上の高温には注意する。過度な乾燥にも注意する必要があるが、一方で蒸れてしまうような状況を避ける。やや冷涼で風通しの良い環境を用意し、霧吹きをこまめに行うと良い。ひと昔前までは流通は皆無と言えるほどだったが、数年前からEU圏のCB個体がわずかに輸入されるようになった。多いとは言えないが、現在、流通は比較的安定的に見られるため、入手のチャンスはあるだろう。

ワオコノハヤモリ

- 別名（流通名）：リングリーフテールゲッコー　●学名：*Phyllurus caudiannulatus*
- 分布：オーストラリア（クイーンズランド州南東部の局所）
- 全長：13～15cm前後　●CITES：附属書Ⅲ類

若い個体

　大きく広がった尾を持つ種が多いリーフテールゲッコーの仲間の中においては珍しく「普通の形」をした尾を持つ。体色は灰褐色から茶褐色の体色で、活動時間か否かによる変化は少なめ。体表に見られる棘状の突起は目立ち、厳つさが感じられる。比較的密度の濃い森林（樹木）が主な生息域で、岩場ではなく木の上が活動拠点。夜間はやや低めの位置まで下りてきて、頭を下に向けて餌となる昆虫類を待っている。
　他種にも言えるがこのことは飼育の際の参考にしたい点であり、頭を下に向けて止まらせるようなレイアウトをし、その下に餌となる昆虫類を歩かせることで、導入直後でも素直に餌を食べてくれやすくなる。本種の尾は栄養状態の良い場合でも太くならない（なれない）ため、太くならないからと過度に餌を与えないよう注意。基本的な飼育方法は同属他種に準ずるが、蒸れた環境を避けるため通気の良いケージを用意し、高温と過度な乾燥に注意したい。数年前からEU圏のCB個体が少量ずつ輸入されるようになっている。

ヒロオコノハヤモリ

Chapter 5
飼育タイプ別
世界のヤモリ図鑑
【樹上棲・乾燥タイプ】

- 別名（流通名）：サウザンリーフテールゲッコー　●学名：*Phyllurus platurus*
- 分布：オーストラリア（ニューサウスウェールズ州南東部）
- 全長：13～15cm前後　●CITES：附属書Ⅲ類

　リーフテールゲッコーの仲間の多くが幅の広い尾を持つため、ヒロオ（広い尾）という和名を使ってしまうと同属他種と混同する人が多いと考えられ、主に英名でもあるサウザンリーフテールゲッコーの名で流通することが多い。本種よりもさらに広い尾を持つ種が多数存在することを考えると、その和名は適切なのか疑問が残るところだ。容姿はエリオットコノハヤモリに似るが本種のほうがひと回り小型。体色は砂のような色合い（やや白みが強い）が主で、茶褐色などに変化が見られる。主な生息地が砂地に突き出た岩場であることが関係している可能性が高く（それに隣接した森林にも見られる）、進化の過程で砂や岩の色に合った体色や網目模様を得たと考えるのが自然だろう。生息地の標高こそ低いが緯度は南に位置していて、季節による気温の変化は大きく平均気温も低めである。
　飼育の際は温度にも注意する必要があり、過度な高温と蒸れには注意したい。低温にはかなり耐性があり、15℃を下回っても餌を食べることもあると言われているが、通常飼育時はそこまで下げる必要はない。他種同様に数年前からEU圏のCB個体が毎年少量ずつ輸入されるようになっている。

この仲間は平たい体型をしているものが多い

ミカゲコノハヤモリ

- 別名（流通名）：グラニットリーフテールゲッコー　●学名：*Saltuarius wyberba*
- 分布：オーストラリア（ニューサウスウェールズ州北東部・クイーンズランド州南東部のいずれも局所）
- 全長：15〜17cm前後　●CITES：附属書III類

　英名に含まれるグラニット（Granite）は花崗岩を意味するが、それは模様や体色を指すというよりも生息する場所を指していると言える。本種は突出した大きな花崗岩群やそれに隣接する林を主な生活場所としており、日中は岩の隙間に身を潜め、夜間に岩肌や近くの樹木に出てきて餌となる昆虫をハンティングする。茶褐色がベースとなる体色から、情報の少ない時代は樹皮に擬態している森林に生息する種だと考えられていたが、本種を含めてユウレイコノハヤモリ属全般、岩場を主な生活圏とするものが多い。本種は大型になり、尾はコノハヤモリ属よりも幅広く特異な形を持つ。このことは本属全般に当てはまり、まるで蛾やコノハムシのような形状の尾を持つ種も多く、特殊で奇怪な容姿は古くから愛好家垂涎の仲間であった。本種は体表や尾の縁に棘状突起が目立ち、刺々しい見ためをしているが、再生尾では棘は発達しない。

　飼育に関しては他のリーフテールゲッコー同様に高温と蒸れを避け、適度な加湿を行う。大型種であり、やや神経質な性格（本属全般）であるため、広めのケージを用意して落ち着かせ、餌昆虫をハンティングさせるための適度な距離（下を向いて貼り付いた時に、頭部が底面に近すぎないようにする）を確保する。EU圏から少数ものの輸入が見られるが、他種に比べて流通量はさらに少なめ。飼育希望者は流通状況をしっかり把握しておこう。

オオソコトラヤモリ

Chapter 5 飼育タイプ別 世界のヤモリ図鑑【樹上棲・乾燥タイプ】

- 別名（流通名）：ソコトラジャイアントゲッコー　●学名：*Haemodracon riebeckii*
- 分布：イエメン（ソコトラ島・サムハ島）　●全長：24〜26cm前後　●CITES：非該当

イエメンに属する"インド洋のガラパゴス"と称されるソコトラ島、および近くのさらに小さな島であるサムハ島にのみ生息する。両島の中で独自の進化を遂げている1属2種の大型種。どこにでもいそうな容姿であるが、よく見ると、どのヤモリにも似ていないとさえ思えてくる。強いて言えば、ウチワヤモリの仲間に似ているが、本種の動きはさほど速くなく、性格も図太い。天敵の少ない生息環境が関係しているのだろう。島内の低地の、主に岩場や隣接する林などに暮らしており、長い四肢は岩場を上手に歩き回るために進化したものだと考えられる。日中は岩の隙間などに潜み、夜間になると外へ出てきて徘徊し、餌となる昆虫をハンティングする。

飼育に関しては強健な種で、過度な低温と蒸れにのみ注意すれば問題ない。餌付きも良く、苦労はあまりないだろう。しかし、昔から流通量は非常に少なく、EU圏やアメリカで繁殖された個体が2010年前後からごく少数ずつ流通しているものの、増えることはなく減る一方で、2024年現在、新規の流通は皆無と言える状態になってしまった。元々生息地であるソコトラ諸島は全体が保護区となっており、WC個体の流通がないことも大きな理由と考えられ、今後も流通量が増えることは見込めないだろう。

若い個体

ゴマフウチワヤモリ

Chapter 5
飼育タイプ別
世界のヤモリ図鑑
【樹上棲・乾燥タイプ】

- 別名（流通名）：――　●学名：*Ptyodactylus guttatus*
- 分布：エジプト・イスラエル・ヨルダン西部・サウジアラビア北西部・シリア
- 全長：14～17cm前後　●CITES：非該当

同属別種のハッセルトウチワヤモリ

　本種を筆頭とするウチワヤモリの仲間は、四肢の指先に備わる団扇（うちわ）のように見えるほど大きなパッドが最大の特徴。吸い付く強さと長い四肢によって荒地の岩場などを機敏に移動することに長けている。本種は体や四肢がベージュの地で茶色と白色の斑点が入り、砂地が多い環境に溶け込む姿をしていると考えられる。

　強健な種で、多少の高温や低温・乾燥にはめっぽう強く、動きの速さだけ気をつければ飼育は容易。エジプトから多くの数が輸入されているので、見る機会も多い。ただし、外見が酷似している同属別種のハッセルトウチワヤモリ（*P. hasselquistii*）も同じ地域から輸入され、混ざった状態で輸入されることも多いので、気になる人は購入時に確認しよう。

ラガッチィウチワヤモリ

Chapter 5
飼育タイプ別
世界のヤモリ図鑑
【樹上棲・乾燥タイプ】

- 別名（流通名）：――　●学名：*Ptyodactylus ragazzi*
- 分布：アルジェリア南部・リビア南部・エジプト南西部・モーリタニア・マリ・ニジェール・チャド・スーダン・エチオピア・ジブチ・ブルキナファソ・トーゴ北部・ベナン北部・ナイジェリア・カメルーンなど
- 全長：16～20cm前後　●CITES：非該当

　主に国内に流通する3種のウチワヤモリの仲間のうちの1種。ベージュから乳白色の下地に薄いオレンジ色の不規則な柄を持ち、発色は活動時間にはより顕著になる。先述のゴマフウチワヤモリやハッセルトウチワヤモリに比べてひと回り大型になり、しっかり飼い込まれた個体は目を見張る迫力が備わる。アフリカ大陸中～西部・北部にかけてと広い分布域を持ち、日本へはトーゴやガーナ・エジプトから輸入されているが、地域差は感じられない。先述の2種とは見ためが大きく異なるので、混同してしまうことはないだろう。

　同属他種同様に強健で飼育は容易だが、動きはすばやくトリッキーであるため、メンテナンス時に脱走させないよう注意する。

タマキカベヤモリ

- ●別名（流通名）：ホワイトスポットクロコダイルゲッコー　●学名：*Tarentola annularis*
- ●分布：アフリカ大陸北部の乾燥地帯の広範囲
- ●全長：15～22cm前後　●CITES：非該当

カベヤモリの仲間は比較的大型でがっしりとした体型をした種類が多いが、本種は群を抜いて大きい。輸入されたばかりでも大型の個体は見られ、広めのケージで栄養状態が良く飼われた個体は25cmを超えることも多々ある。全体的にがっしりしていることもあり、その長さ（数値）以上の迫力を感じるだろう。

強健で飼育は容易。ただし、あまりに狭いケージで飼育をすると餌を食べないこともあるので注意したい。気性はやや荒く、掴もうとすると威嚇して咬んでくる個体も多いので、捕獲の際は革の手袋を用意すると良い。流通量は多く、毎年エジプトから安定した輸入が見られる。

クラカケカベヤモリ

- ●別名（流通名）：――　●学名：*Tarentola ephippiata*
- ●分布：カメルーン北部・チャド南部・ナイジェリア北部・ニジェール南部・マリ南部・トーゴ・ベナンなど
- ●全長：13～16cm前後　●CITES：非該当

流通するヤモリではやや地味な種が多い印象を受けるカベヤモリの仲間において、背中に黒のストライプとバンドのコンビネーション模様が美しい種。下地の色合いも、活動時間には白色が強く出る個体も多く、みごとなコントラストだ。

強健種で飼育は容易だが、あまりに乾きすぎた環境よりは若干湿度のある環境を好むため霧吹きなどで湿度調整をする。ひと昔前までは珍種扱いであったが、2010年代後半頃からトーゴやガーナ・ナイジェリアなどからまとまった輸入が見られるようになった。国内繁殖個体も見られるため、入手のチャンスは多いだろう。

幼体

ギガスカベヤモリ

- 別名（流通名）：——　●学名：*Tarentola gigas*
- 分布：カーボベルデ共和国　●全長：18～23cm 前後　●CITES：非該当

　アフリカ大陸北西部の沖に浮かぶ島国、カーボベルデ共和国のいくつかの島にのみ生息する。*gigas* の種小名のとおりカベヤモリ属（*Tarentola*）でも特に大型になることと、独特な体色で古くからファンが多い。全長だけなら先述のタマキカベヤモリも引けを取らないが、本種のほうが全体的に厚みが出てひと回り大きく感じる。

　2010年代前半頃までは、アメリカからCB個体が不定期ながら流通していたが、ブリーダーがいなくなってしまったためなのか、ぴたりと止まってしまった。EU圏からのCB個体もほとんどなく、2024年現在、流通がほぼない。WC個体の流通は昔からなされていないため、本種の入手は困難と言わざるを得ない。

ムーアカベヤモリ

- 別名（流通名）：——　●学名：*Tarentola mauritanica*
- 分布：アフリカ大陸およびヨーロッパ諸国の地中海沿岸部の広い範囲（ヨーロッパ内陸はフランスまで）
- 全長：12～15cm 前後　●CITES：非該当

　タマキカベヤモリと並び見る機会の多いカベヤモリの1種。本種もタマキカベヤモリ同様、毎年時期（4～9月）になるとエジプトからWC個体が安定的に輸入されている。体色はタマキカベヤモリに似たベージュ、もしくは茶色がかった灰色だが、本種のほうが個体差が大きい傾向があり、活動時間か否かにより体色と模様の変化が見られる。また、本種のほうが体表の粒状突起が顕著で、サイズ以上のごつさを感じるだろう。

　強健な種で、神経も図太く餌付きも良い。ハンドリングこそ難しいが、タマキカベヤモリより性格はややおとなしい個体も多いので扱いやすいだろう。

セーシェルブロンズヤモリ

Chapter 5
飼育タイプ別
世界のヤモリ図鑑
【樹上棲・乾燥タイプ】

- 別名（流通名）：――　●学名：*Ailuronyx seychellensis*
- 分布：セーシェル共和国　●全長：17〜20cm前後　●CITES：附属書Ⅲ類

東アフリカの沖、インド洋にあるセーシェル諸島（セーシェル共和国）固有の大型種。黄褐色から茶褐色がベースとなる体色だが、活動時間の夜間は鮮やかな発色となることも多い。一見すると大型のヒルヤモリの仲間にも見え、動きなどはまさにそのもので、驚愕するほどのすばやさを見せる。食性も似ており、昆虫類や果実などを食べる。

飼育下では果実食用の人工飼料が有効である。世界的に見れば局所分布だが弱さはなく、環境への順応性も高いため、その動きの速さだけ注意すれば飼育は難しくない。しかし、古くから知られている種ではあるものの流通量は今も昔も少なく、ごく稀にEU圏からCB個体が流通する程度。入手のチャンスは少ないだろう。

コガタブロンズヤモリ

Chapter 5
飼育タイプ別
世界のヤモリ図鑑
【樹上棲・乾燥タイプ】

- 別名（流通名）：――　●学名：*Ailuronyx tachyscopaeus*
- 分布：セーシェル共和国　●全長：13〜16cm前後　●CITES：附属書Ⅲ類

先述のセーシェルブロンズヤモリをふた回りほど小型にしたような容姿を持つ。和名にセーシェルの名は入っていないが、本種も同様にセーシェル諸島固有種で、1990年代に記載された比較的新しい種。

セーシェルブロンズヤモリ同様に動きは敏捷で、給餌やメンテナンス時は脱走に細心の注意を払いたい。小ぶりながら強健で、極端な低・高温と蒸れにだけ注意すれば飼育は容易。多くはないが不定期ながらEU圏からの流通が見られる。

オオブロンズヤモリ

Chapter 5
飼育タイプ別
世界のヤモリ図鑑
【樹上棲・乾燥タイプ】

- 別名（流通名）：ジャイアントブロンズゲッコー　●学名：*Ailuronyx trachygaster*
- 分布：セーシェル共和国（ブララン島およびその周辺の島）　●全長：25〜30cm前後　●CITES：附属書Ⅲ類

大型の壁面棲ヤモリ

　学名の「トラキガスター」の名で呼ぶファンも多いかもしれない。古くからその存在は知られていたが、日本国内への流通が皆無であったこともあり、マニア垂涎の種として名高い。先述の同属2種同様にセーシェル諸島固有種であるが、本種の生息域はさらに限定されており、セーシェル固有のオオミヤシ（ココ・ドゥ・メール）の林内にのみ生息するとされている。2005年の調査では生息数が4,000匹弱だとされる珍種で、生息地では厳重に保護されており、同時にオオミヤシも保護対象となっている。特徴はその大きさであり、大型種としてはツギオミカドヤモリが有名だが、本種はそれを凌ぐ全長になるというデータもある。本種は尾が長いため全長としては小さくなるのだが、顔の大きさや風貌の厳つさは勝るとも劣らない。生態的な特徴としては、完全な植物質食で、昆虫は一切自発的には食べない。実際に飼育下でもコオロギなどを与えようとしても頑なに口にしない。現地ではオオミヤシの花粉や蜜を専食しており、オオミヤシがない場所では生活できないため、その林にのみ生息しているのである。
　流通当初はその花粉や蜜を用意しなければ飼育できないなどという噂も出回ったが、そのようなことはなく、果実食用の液体人工餌料をよく食べ、特別選り好みもなく食べてくれる。飼育時に餌で困ることはないだろう。その他、飼育環境に関しても特別な環境を求めることはなく、ミカドヤモリを飼育するような感覚で飼育すれば問題ない。流通が見られるようになったとはいえ、安定した流通はない。EU圏などから繁殖個体がごく少数ずつ出回る程度で非常に不定期のため、見る機会は非常に少ない。

ビブロンオオフトユビヤモリ

Chapter 5
飼育タイプ別
世界のヤモリ図鑑
【樹上棲・乾燥タイプ】

- 別名（流通名）：ビブロンゲッコー　● 学名：*Chondrodactylus bibronii*
- 分布：南アフリカ共和国・ナミビア南部・スワジランド　● 全長：15〜18cm 前後　● CITES：非該当

　以前本種はフトユビヤモリ属（*Pachydactylus*）に分類されていたが、近年に後述のターナーオオフトユビヤモリなどと共にグローブヤモリ属（*Chondrodactylus*）の構成種となった。本種に関しては日本国内でも混沌とした時期が長く続いた。タンザニアから本種として長い間数多く輸入されていた種類が分類され、後述のターナーオオフトユビヤモリであると言われ出したのが2010年頃。それまで本種はほとんど流通していなかったという結論に達した。というのも、両者は非常に似ており過去には同種だったり亜種だったりしたこともあるが、明確な相違点はないとされている。強いて言えば、体表の粒状突起が本種のほうがややなだらかであることと、虹彩の色が異なる（本種のほうがやや明るく黄色っぽい）点が挙げられるが、個体差もありわかりづらい。故に、輸入された時の名前を信じるしかない状況で、入手の際はその経緯や、WC個体の場合は産地が重要となってくるだろう。

　丈夫な種で餌付きも良く、過度な低温と高温に注意すれば飼育するうえで特段問題はない。流通は先述したように難しい部分があるが、EU圏のマニアックなブリーダーが維持して繁殖していたりするので、そのCB個体を待つ形になるだろう。

幼体

ターナーオオフトユビヤモリ

- 別名（流通名）：ターナーゲッコー　●学名：*Chondrodactylus turneri*
- 分布：ケニア南部から南アフリカ共和国北部まで（内陸はザンビア東部・ボツワナ東部まで）
- 全長：15〜18cm前後　●CITES：非該当

　先述のビブロンオオフトユビヤモリでも触れたとおり近年になって分類が変わり、過去にビブロンゲッコーとしてタンザニアやモザンビークなどから数多く流通していた個体は全て本種である可能性が高いという結論となった。アフリカ大陸中部から南部に広い生息域を持つ大型種で、しっかり飼い込まれた個体は20cmをはるかに超え、厚みも増して迫力も増す。顔はやや丸みが出て愛らしさもあり、流通していた時期は価格も手頃で人気の高い種であった。

　しかし、2014年にタンザニアやモザンビークが全ての動物の輸出を完全にストップしてしまって以降、2024年現在でも見る機会はほぼなくなった。今後のWC個体の流通も不透明で、強いて言えばEU圏などのブリーダーからのCB個体の流通に期待したいところだ。

ゲンカクマルメスベユビヤモリ

Chapter 5 飼育タイプ別 世界のヤモリ図鑑 【樹上棲・乾燥タイプ】

- 別名（流通名）：サイケデリックロックゲッコー ●学名：*Cnemaspis psychedelica*
- 分布：ベトナム（Hon Tuong島・Hon Khoai島）
- 全長：12〜15cm前後 ●CITES：附属書I類（2017年1月から施行）

2010年に新種として記載されたベトナム局所に分布する美麗種。種小名が示すようにサイケデリックな体色を持ち、初流通時はファンを驚かせた。ヤモリの仲間ではあるがどちらかというとトカゲ（地上棲のアガマ科やカナヘビ類）のような動きを見せ、生息地においても岩やその周りの木々にすばやく上り下りをして、餌となる昆虫や節足動物をハンティングしている。色彩といい動きといい、ヤモリとしては異色な存在として注目を浴びていた。

しかし、2017年1月よりワシントン条約附属書I類に掲載され、商業目的の輸入が不可能となってしまった。流通が始まって間もなくだったこともあり、2024年現在、国内愛好家の間での繁殖例も聞かれないため、残念ながら実質飼育不可能な種類になってしまったのかもしれない。

上から見たところ

ニホンヤモリ

- 別名（流通名）：ヤモリ　●学名：*Gekko japonicus*
- 分布：日本（秋田以南の本州・四国・九州・対馬）・中国東部・朝鮮半島南部
- 全長：8〜12cm前後　●CITES：非該当

多くの日本人にとって馴染み深いヤモリ。爬虫類に興味のない人やあまり詳しくはない人が単に「ヤモリ」と称する場合、たいてい本種を指している。都心部でも比較的よく見られ、人家の壁や街灯の周り・自動販売機の周りなどに夜間集まる虫を食べにくる光景は一般的とも言える。逆に、あまりに山（原生林）の深くに入って行くと見られないことも多く、ある意味人々の生活とうまく共存共栄しているのかもしれない。種小名に *japonicus* と付けられていることから、日本の固有種・日本発祥の種だと思われ、江戸時代に新種として報告されたのだが、研究の結果、平安時代から江戸時代の間に大陸から移入し、定着した種だということがわかった。これが原生林にあまり見られない理由なのかもしれない。言うなれば「外来種」なのだが、忌み嫌われず自然な形で定着した生物は珍しい。とはいえ、不自然に分布を広げないためにも、分布域外に逃がしたりすることは避けよう。

身近にいる種で、近年は飼育をする人も増えている。小型だが丈夫で、飼育は容易。蒸れと真夏の過度な高温、冬場の過度な乾燥と低温に気をつければ、常温でも飼育可能。冬眠も無加温での飼育が可能だが、温度調整が必要な場合もあるので、不安な人はヒーターを使い、冬眠をさせない方法を選択すると良い。食性は昆虫食で、基本的に動く虫を捕食するため、餌用のコオロギは必須。捕獲したばかりの個体はピンセットから捕食することも嫌がることが多いので、飼育する際はそれらのことを頭に入れて捕獲したい（いきなり人工飼料で飼育することなどは不可能）。なお、細かい分類の話となるが、以前は日本に分布する種としては本種（*Gekko japonicus*）のみだとされていた。しかし、その後研究が進み、本属では瀬戸内海沿岸や九州などにタワヤモリ（*Gekko tawaensis*）、九州南部や屋久島・種子島などにヤクヤモリ（*Gekko yakuensis*）、奄美大島や徳之島などにアマミヤモリ（*Gekko vertebralis*）が新種として記載された。その他、オキナワヤモリ・ヨナグニヤモリ・ニシヤモリなどが別種として挙げられているが、これらはまだ論文などが出されておらず、正式に種として記載はされていない。

撮影地：東京都
撮影地：岐阜県
撮影地：京都府
幼体。撮影地：京都府
撮影地：石川県
撮影地：大阪府
撮影地：兵庫県（淡路島）

飼育タイプ別 世界のヤモリ図鑑　ニホンヤモリ

撮影地：徳島県

撮影地：香川県

撮影地：福岡県

撮影地：佐賀県

撮影地：熊本県

撮影地：長崎県

0 8 4　Chapter 5　飼育タイプ別 世界のヤモリ図鑑

撮影地：長崎県（福江島）

撮影地：長崎県（対馬）

撮影地：鹿児島県

同属別種のタワヤモリ（*Gekko tawaensis*）

大型鱗がほぼ混ざらない個体。撮影地：鹿児島県

同属別種のヤクヤモリ（*Gekko yakuensis*）

ヤモリ　085

同属別種のアマミヤモリ（*Gekko vertebralis*）

同属別種のオキナワヤモリ

同属別種のヨナグニヤモリ

同属別種のニシヤモリ

ブルックスナキヤモリ

- 別名（流通名）：――　●学名：*Hemidactylus brookii*
- 分布：アフリカ大陸中部の大多数の国（赤道前後から北へ。地中海に接する国は除く）・その他、アジア諸国や中米諸国・コロンビアなどの分布は移入　●全長：9〜12cm 前後　●CITES：非該当

アフリカ大陸原産であるが、赤道を中心として世界中の国々に移入・定着しているナキヤモリの代表的存在。灰褐色の地色に不規則な黒い斑紋が入り、体や尾の表面に粒状突起が目立つ。しっかり飼い込むと太さや厚みも増して魅力的な種と感じられるだろう。

分布範囲の広さが示すように強健で、環境への適応能力も高いため飼育は容易。通気の良い環境を好むが、過度な乾燥には注意する。また、過度な低温も避けたほうが良いだろう。アフリカ諸国（主にトーゴやガーナなど）から輸入されたものが安価で販売されているが、本種の名での輸入はやや困難であり、たいていは単にナキヤモリという状態で入荷されてくる。ただし、それらはアフリカナキヤモリ（*Hemidactylus mabouia*）となる場合が多く、本種は思いのほか見る機会が少ない。

ヒョウモンナキヤモリ

- 別名（流通名）：スポッテッドナキヤモリ　●学名：*Hemidactylus maculatus*
- 分布：インド西部から南部の沿岸部　●全長：24〜27cm 前後　●CITES：非該当

全長25cmを超えることも多々ある大型のナキヤモリ。幼体期は黄褐色と黒色のはっきりしたバンド模様で、成体となると全体的に黄褐色の濃淡のあるバンド模様となり、間に黒い細切れのような帯模様が入る。いずれの色柄も美しく、大型になる美麗種として人気が高い。

丈夫な種で、飼育は一般的なナキヤモリなど樹上棲種の飼育方法で問題ない。生息地は基本的に20℃を下回ることは少ないため、過度な低温には晒さないようにする。生き物の輸出を厳しく制限しているインドが原産国で、WC個体の流通は今も昔もほぼない。EU圏などからの繁殖個体の流通を待つのみとなるが、ブリーダーの数は多くなく出回る数も少ないため、安定した流通は見られないのが残念だ。

アリヅカナキヤモリ

Chapter 5
飼育タイプ別
世界のヤモリ図鑑
【樹上棲・乾燥タイプ】

- 別名（流通名）：ダコタカベヤモリ ●学名：*Hemidactylus triedrus*
- 分布：インド（北部を除く）・スリランカ ●全長：17〜20cm前後 ●CITES：非該当

時間帯などで色調変化に幅が見られる

幼体

　ひと昔前まではダコタカベヤモリの名で流通することが多かった中〜大型のナキヤモリ。生息地では蟻塚の周りで見つかることが多く、この和名が付けられたとされるが、蟻以外の昆虫も好み、栄養素的にもそれで問題はない。焦茶色の地色に黒色のラインで縁取られた細めの白い帯が入るが、時間帯や活動状況によって濃淡が変化する。

　飼育下での順応性が高く飼育・繁殖が他種よりも容易で、2024年現在、国内外のCB個体が比較的安定して流通しているため、入手のチャンスは多い。飼育は一般的なナキヤモリなどの飼育方法で問題ない。インド原産種は流通が少ない種ばかりだが、本種だけは昔から欧米各国から安定した輸入が見られる。

アーノルドネコツメヤモリ

Chapter 5
飼育タイプ別
世界のヤモリ図鑑
【樹上棲・乾燥タイプ】

●別名（流通名）：── ●学名：*Homopholis arnoldi*
●分布：ジンバブエ・モザンビーク西部 ●全長：15～18cm前後 ●CITES：非該当

以前は後述のウォルバーグネコツメヤモリの地域個体群として扱われ、国内でも「ウォルバーグネコツメヤモリのショルダーストライプタイプ」として販売されていた。分類上もウォルバーグネコツメヤモリの亜種だったが、2014年から独立種となった。後頭部から尾に向かって走る太いストライプ模様が最大の特徴で、太さや数・長さには個体差があるが、基本的には両耳の後ろ（肩口付近）から各1本ずつ伸びる太いストライプが基本形。これが「ショルダーストライプ」と呼ばれていた所以でもある。

主にジンバブエが原産国とされ、以前はジンバブエ産と思われる個体がモザンビークから輸入されていた。一方で、モザンビークからは、今で言うところの"普通のウォルバーグネコツメヤモリ"も輸入されていた。おそらく当時の採集地の違いなのだろう。2014年からモザンビークが生き物の輸出を止めてしまい、いずれもモザンビークからのWC個体の流通は見られなくなってしまった。EU圏からCB個体が出回るものの微少であり、入手のチャンスは非常に少ない。

かつてはウォルバーグネコツメヤモリの1タイプとされていた

ヒガシアフリカネコツメヤモリ

Chapter 5
飼育タイプ別
世界のヤモリ図鑑
【樹上棲・乾燥タイプ】

- 別名（流通名）：—　●学名：*Homopholis fasciata*
- 分布：タンザニア・ケニア・ソマリア西部・エチオピア南部　●全長：12～14cm前後　●CITES：非該当

　ネコツメヤモリの仲間でも顕著な丸顔が愛らしく、古くから人気の高い中型種。本種を含むネコツメヤモリの仲間は他の樹上棲ヤモリ同様に趾下薄板を持つが、同時に他の樹上棲種と比べると鋭い爪を持つ。胴体から尾にかけて褐色と黄褐色・乳白色の帯を持ち、腹面から顎下にかけては乳白色で、成熟と共にやや黄色みを帯びてくる。
　サイズこそやや小ぶりだが強健で、基本的な熱帯性樹上棲ヤモリの飼育方法で良い。どちらかと言えば通気の良い環境を好むが、乾燥が続かないように注意。ひと昔前までは最も流通量が多くネコツメヤモリの代表的存在だったが、主な原産国であるタンザニアが2014年から生き物の輸出を止めてしまってからWC個体の流通が見られなくなった。それ以降はごく稀にEU圏からCB個体が出回る程度であったが、2024年にどのような経緯かは不明だがWC個体が突如流通した。とはいえ、今後の安定した流通は不透明であり、いつでも入手できる種類だとは言えない。

ウォルバーグネコツメヤモリ

Chapter 5
飼育タイプ別
世界のヤモリ図鑑
【樹上棲・乾燥タイプ】

- 別名（流通名）：——　●学名：*Homopholis wahlbergii*
- 分布：南アフリカ共和国中部以北・モザンビーク南部　●全長：15～18cm前後　●CITES：非該当

　先述のアーノルドネコツメヤモリと亜種関係（本種が基亜種）だったが、2014年から別種扱いとなった。濃淡ある灰褐色の地に白みの強い部分が入る不規則な模様がベースとなるが、個体差があり、アーノルドネコツメヤモリに似た黒いストライプや網目模様が入る個体も見られる。地域差であるとも言え、同地域の個体は同じような色柄を持つ場合が多い。

　以前はアーノルドネコツメヤモリ同様にモザンビークからWC個体が輸入されていた。両者が混ざって生息しているというわけではなく、モザンビークの採集業者がジンバブエへ採集に行った場合はアーノルドが、モザンビーク国内で採集した場合はウォルバーグが輸出されていた。以前はどちらも同種（ウォルバーグ）扱いだったがために、日本国内ではウォルバーグの別産地で販売されていたのだと推測される。2014年からモザンビークが生き物の輸出を止めてしまってから、モザンビークからのWC個体の流通は見られなくなってしまった。代わりに、近年は南アフリカ共和国から不定期ながら流通が見られているが、本種のみ生息しているため、同国からアーノルドネコツメヤモリの流通は見込めないことに変わりない。

幼体

バーバーヒルヤモリ

- 別名（流通名）：──　●学名：*Phelsuma barbouri*
- 分布：マダガスカル中部　●全長：12～15cm 前後　●CITES：附属書Ⅱ類

性成熟した個体の尾に発色する鮮やかなエメラルドグリーンが印象的な、マダガスカル産のヒルヤモリ。体の模様も黒色とエメラルドグリーンのストライプに白く細かな赤みがかった斑点が入るという、他種には見られない色柄を持つ。

気の強い種が多いヒルヤモリだが、本種はその中でも特に激しく闘争するとされ、オス同士はもちろん雌雄間でも気が合わないと殺し合いの闘争に発展することがある。ケージサイズはあまり関係なく、多少広くてもあまり意味がない。無難な方法としては、1匹ずつ個別飼育する形であろう。20年以上前にはWC個体の流通が見られていたが、近年はマダガスカル政府が本種の輸出許可を出さないため、WC個体の流通は見られない。EU圏での繁殖個体も少なく期待できないため（気性が激しくペアリングがうまくいかず親個体が殺される）、今後も流通はあまり見込めないだろう。

成体

マルガオヒルヤモリ

Chapter 5
飼育タイプ別
世界のヤモリ図鑑
【樹上棲・乾燥タイプ】

- 別名（流通名）：ブレビケプスヒルヤモリ ●学名：*Phelsuma breviceps*
- 分布：マダガスカル南部（沿岸部） ●全長：10～12cm前後 ●CITES：附属書Ⅱ類

鮮やかなヒルヤモリの仲間では、らしくない容姿・色柄を持つヒルヤモリ属の異端児。やや地味な色柄もさることながら、最大の特徴は丸みを帯びた顔つきで、ヒルヤモリの仲間は通常、ややシャープかつ扁平な顔を持つものがほとんどであるが、本種は吻端が短く、顔の厚みもあるため、まん丸な顔つきに見える。顔が小さいため目が大きく見え、愛らしさを増している。小型の部類に入るが他種よりも厚みがあるため、全体的にずんぐりとした印象を受ける。ただし、体型とは裏腹に動きは他種同様にすばやいため、取り扱いの際は油断しないように。

好む環境も特徴的で、湿度がある環境にしてしまうとたちまち調子を崩す。通気性の良いケージを使うのはもちろん、霧吹きの回数と量を最低限にして湿度が高まらないように注意する。それ以外は、丈夫で物怖じしない種のため、飼育するうえで難しさは感じないだろう。気性はやや激しい個体が多く、ペア飼育や多頭飼育の際は注意。ひと昔前までは幻のヒルヤモリの1つであったが、近年はEU圏からの繁殖個体の流通が徐々に増えてきた。いつでも見られる種類ではないだろうが、入手のチャンスはある。なお、マダガスカルからWC個体として本種の名で流通するケースがあるが、ほとんどの場合においてムタビリスヒルヤモリであるため、購入する際は注意したい。

本属にしてはずんぐりした体型をしている

ギンボーヒルヤモリ

- 別名（流通名）：――　●学名：*Phelsuma guimbeaui*
- 分布：モーリシャス西部　●全長：12〜15cm 前後　●CITES：附属書Ⅱ類

Chapter 5
飼育タイプ別
世界のヤモリ図鑑
【樹上棲・乾燥タイプ】

　ヒルヤモリの楽園とも呼ばれるモーリシャス産の種で、ケペディアナヒルヤモリやニシキヒルヤモリと生息域が重なる場所もある。しかし、それぞれ少しずつ棲む場所を変えており、自然交雑する可能性は低いようだ。本種は主に海岸に近い低地の乾いた森林を好む傾向にある。他種と比べてややずんぐりした寸詰まりの体型は特徴的。カラーパターンはケペディアナヒルヤモリに似るが、本種のほうが全体的に淡い色を持ち、赤い斑点もやや少ない。ブルーの発色具合も異なり、本種は首付近にのみ発色する個体が多い（尾の先にも見られる個体もいる）。

　乾燥にも強く丈夫で、基本的なヒルヤモリの飼育スタイルで問題ない。ただし、気性が荒く、特にオス同士を同居させているとほぼ間違いなく殺し合いとなる。ペアリングの際にも、相性が合わない場合はオスかメスどちらかが殺されることも多いため、すぐに別居させられるような準備もしておく。ひと昔前までは入手困難な幻のヒルヤモリの1つであったが、近年はEU圏からの繁殖個体の流通が徐々に増えてきた。近年は国内CB個体も見られるため、入手のチャンスは十分あるだろう。

レユニオンヒルヤモリ

Chapter 5
飼育タイプ別
世界のヤモリ図鑑
【樹上棲・乾燥タイプ】

- 別名（流通名）：レユニオンニシキヒルヤモリ　●学名：*Phelsuma inexpectata*
- 分布：レユニオン島南部　●全長：10～12cm前後　●CITES：附属書Ⅱ類

レユニオン島には本種とサビヒルヤモリ（ボルボニカヒルヤモリ）の2種のみが生息する。本種は同島内において、川や山などで隔てられた島南部の海に近い狭い範囲にのみ生息している。標高の差も含めてサビヒルヤモリとうまく棲み分けをしていると考えられる。現地では主に熟したパンダナス（タコノキ）の実を食べているようで、それに寄ってくる虫類なども同時に食べていると推測される。ヒルヤモリに多いグリーンの地色だが、後頭部から胴体にかけて入る赤い3本のラインは性成熟した個体で特徴的で美しい。目の後ろからは青白いラインが伸び、頭部の一部はスカイブルーに染まるという、まさに自然が作り出した造形美。このカラーパターンが後述のニシキヒルヤモリに似ていることから、英名はReunion Island Ornate Day Gecko（＝レユニオンニシキヒルヤモリ）とされているが、地色や赤い3本のラインの長さなど違いは多いので、混同することはないだろう。

　局所分布ではあるものの強健な種で、飼育に関して特筆した難しさはない。しかし、敏捷さはヒルヤモリの仲間の中でもトップクラスを誇る。性格は思いのほか陽気で物怖じしないが、触ることなどはほぼ不可能であり、驚かせて走らせてしまうと脱走の可能性が高くなるため、細心の注意を払う。数年前まではEU圏からの流通も少なく入手困難であったが、近年はその数が少しずつ増えてきた。とはいえ、まだまだ少なく、WC個体の流通もあり得ないため、「珍種」という位置付けは当分変わらないだろう。

若い個体

シノビヒルヤモリ

Chapter 5
飼育タイプ別
世界のヤモリ図鑑
【樹上棲・乾燥タイプ】

- 別名（流通名）：ムタビリスヒルヤモリ　●学名：*Phelsuma mutabilis*
- 分布：マダガスカル（北部から北東部を除く）　●全長：9〜11cm前後　●CITES：附属書Ⅱ類

幼体

　主に学名由来であるムタビリスヒルヤモリの名で流通することが多い。一見するとグレーに白色の細かい斑点と黒色の細い網目模様が入るだけという、派手な種類が多いヒルヤモリの仲間ではやや地味な存在という印象を受ける。しかし、性成熟した個体の尾は雌雄共に淡く鮮やかなスカイブルーを発色する。それは気温の変動が起因となっていて、夜間などの低温時には発色が控えられ、気温が高くなる日中の活動時間帯には顕著な発色が見られるだろう。

　最小級だが丈夫なヤモリで、乾燥にはめっぽう強い。蒸れるような環境を嫌うため、しっかりと通気の良いケージを使って飼育する。それ以外の部分は特別な注意点はなく、飼育しやすいヒルヤモリの1種として挙げられるだろう。流通量は決して多くはないが、近年はEU圏からの流通に加えて国内CB個体の流通も見られるようになったため、入手の機会は少しずつ増えている。

PERFECT PET OWNER'S GUIDES | Chapter 5 飼育タイプ別 世界のヤモリ図鑑 【樹上棲・乾燥タイプ】

ニシキヒルヤモリ

- 別名（流通名）：オルナータヒルヤモリ ●学名：*Phelsuma ornata*
- 分布：モーリシャス（本島および周辺の島々のいくつか） ●全長：11〜13cm 前後 ●CITES：附属書II類

学名由来のオルナータヒルヤモリの名で流通することも多いモーリシャス産の美麗種。マルガオヒルヤモリ（ブレビケプスヒルヤモリ）ほどではないが全体的に太短く、吻端も短めで愛らしさを感じる。体色も派手で目を引くが、ベース色はグリーンではなく濃淡のある灰色で、性成熟した個体は気温の上昇などで背中や頭部に濃いグリーンの発色が見られるようになる。頭部から尾に向かって走るストライプは前肢付近で途切れ、そこから斑点の列に変わる。ここが先述のレユニオンヒルヤモリとの違いである。一見すると他種より地味に見えるが、昼間の活動時間に最大限に発色した本種には、他種にはない独特の発色が見られるだろう。

小型種だが丈夫で、蒸れや過度な低温に注意すれば一般的なヒルヤモリの飼育方法で問題ない。動きはすばやいが、性格は陽気で物怖じしないため、餌場を覚えて食べにきてくれたりもするだろう。近年はEU圏からの流通に加えて国内CB個体の流通も見られるようになったため、入手の機会は少しずつ増えている。ただし、オスがやや少ない傾向にあるため、雌雄を揃えるには時間を要するかもしれない。

スタンディングヒルヤモリ

PERFECT PET OWNER'S GUIDES

Chapter 5
飼育タイプ別
世界のヤモリ図鑑
【樹上棲・乾燥タイプ】

- 別名（流通名）：―　●学名：*Phelsuma standingi*
- 分布：マダガスカル南西部　●全長：25～28cm 前後　●CITES：附属書II類

　古くからのファンには「スタンディンギー」の名で親しまれているマダガスカル産の大型種。成体は30cmに迫り、太くがっちりとした体型も相まって迫力を感じるだろう。幼体と成体の模様の変化が著しく、幼体は黒色と青白色のくっきりとしたバンド模様だが、成長と共にバンド模様が細かく複雑化し、成体ではきめ細かく虫食い模様のようになる。尾と頭部の色合いは基本的に変化はないが、幼体期はそれらも鮮やかである。

　ヒルヤモリのみならず樹上棲のヤモリの仲間全体を見ても強健な種類で、特に乾燥した環境にはめっぽう強い。原産国でも乾いた森林に生息しており、強いて言えば過剰に湿度のある環境は避けたい。餌も選り好みせず何でも食べるが、口に咥えられると思えば生きたトカゲやヤモリすらも食べようとするほど貪欲なため、他種との同居には注意が必要。気性も激しく、オス同士の喧嘩は非常に激しいため、性別不明のサイズから多数を同居させている場合はよく観察しておく。繁殖力も高いためか流通は安定している。EU圏からのCB個体はもちろん、国内CB個体もしばしば見かける。マダガスカルからWC個体も稀に流通があるので、入手は難しくない。

PERFECT PET OWNER'S GUIDES

Chapter 5

Picture book of Geckos

飼育タイプ別 世界のヤモリ図鑑 【樹上棲・湿潤タイプ】

アカシアババイヤモリ

- 別名（流通名）：――　　●学名：*Bavayia exsuccida*
- 分布：ニューカレドニア（本島西部から北西部）　●全長：8〜10cm前後　●CITES：非該当

　ニューカレドニア本島西部から北にあるやや乾燥した広葉樹林帯に生息する小型種。林の多くがアカシアの類いによって形成されているため、和名が付けられたとされる。小型種が多いババイヤモリの中でも小型で、細身かつ扁平な体型を持つ。体色は茶褐色で背中に斑紋が入るが、斑紋には個体差が大きく、はっきりと出ている個体もいれば乱れたり繋がったりしている個体もいるため、種の識別としては使えない。

　乾燥した場所に生息するため、他のババイヤモリよりも若干通気性を重視した環境で飼育する。小型種であり乾燥系の種類ほどに脱水に強いわけではないので、こまめな霧吹きを欠かさず行う。ババイヤモリの仲間は果実食向けの人工飼料を食べてくれる。本種も例外ではないので、それをベースに考える。活昆虫を与える場合は、個体の体格と比べやや小ぶりなものを与えたほうが反応が良い。10年ほど前からEU圏での繁殖個体が少しずつ出回るようになった。ややマニアックな種で、ブリーダーの数も少なく流通量は多くない。

フトババイヤモリ

- 別名（流通名）：ロブスタババイヤモリ　●学名：*Bavayia robusta*
- 分布：ニューカレドニア（本島南部・パイン島）　●全長：13〜15cm前後　●CITES：非該当

Chapter 5
飼育タイプ別
世界のヤモリ図鑑
【樹上棲・湿潤タイプ】

種小名由来のロブスタババイヤモリの名で流通することが多い。本属では大型になり、飼い込まれた成体は肌質感も相まってビロードヤモリのような雰囲気になる。体色は例に漏れず茶褐色であるが、背中に蝶のような斑紋が目立つ個体が多く、大きさも相まって地味で小型の種が多い本属では人気が高い。

同産地のミカドヤモリと同じく、過度な高温と乾燥に注意すれば飼育は容易。ただし、本種を含むババイヤモリの仲間は動きがすばやいため、メンテナンス時などの脱走には注意する。樹上棲種だが、昼間は底床付近のシェルターに潜って休むことが多いので、床面にもコルクや樹皮などを配置すると良い。流通量は同属の他種を含めてあまり多くはない。EU圏からCB個体がたまに流通する程度で、いつでも見かけられる種ではない。

敏捷なため、取り扱い時には注意

ヤモリ

オウカンミカドヤモリ

- 別名（流通名）：クレステッドゲッコー　●学名：*Correlophus ciliatus*
- 分布：ニューカレドニア（本島南部・パイン島およびその周辺の小島）　●全長：15～23cm 前後
- CITES：非該当

さまざまなモルフ名で流通する

タイガー

クリームタイガー

　ヒョウモントカゲモドキと並んでペットヤモリとして世界中の愛好家から親しまれている種。ペット市場においてミカドヤモリの仲間としては最もポピュラーな種ではあるが、本種は1994年頃までの約100年間、自然下で野生個体が発見されず、一時は絶滅したという説が濃厚となっていた。後の調査で、最初に発見した場所が本来の分布域ではなく例外の場所であったことが判明し、本来の分布域である程度の個体数が確認された。しかし、現在でも野生下ではツノミカドヤモリ（ガーゴイルゲッコー）などよりも見られる数は少なく、実際に生息数が少ないのか見つけにくいだけなのか、不明な点が多い。研究者がわずかにニューカレドニアから持ち出した個体が、ここ数十年のうちに欧米を中心に数多く繁殖され、今では多くのカラーバ

ピンストライプ

イエローフレイム

エクストリームレッド

ハーレクイン

スーパーハーレクイン

リエーション（モルフ）が出現し、愛好家を楽しませている。

　ただし、模様や色の遺伝に関しては不明な点も多く、流通量のわりには確実な遺伝性を持った品種は少ない。たとえば、あまり柄のない個体を両親にして繁殖をさせても、柄の多い個体が出現することも多々あるし、逆もある。諸説あって、流通初期の段階ですでにさまざまな色柄を掛け合わせてしまったがために、現在ではいろいろな血が混ざってしまい、生まれる色柄が定まらないという意見も一部ある。言い換えると、狙って作り出すことが困難な分、全ての個体が1点ものだと言え、1匹の価値がより高くなるとも言えるだろう。一方、ダルメシアンや赤系のモルフ（ソリッドレッドタイプなど）などはポリジェネティック（多因性遺伝）を利用した選別交配が可能であり、それらの優良な血統は高値で流通する。また、ピンストライプと呼ばれるタイプは遺伝性が強いためか出現しやすい。そして、イギリスの愛好家が発見したリリーホワイト（共優性遺伝）や、近年流通量が増えているアザンティック

（劣性遺伝）など、遺伝性が確認されたモルフも出始めている。流通量が年々増えている現状を見ると、今後もこのような遺伝性を持つ品種は増えていくのだろう。非常に多くの品種名が存在するが、単なる「販売名（あだ名）」である場合も多い。ハーレクインファイア（フレイム）・ダルメシアン・ピンストライプ・ソリッド系（レッドやオレンジなど）・タイガー・リリーホワイトなどの遺伝性のある品種が基本となる名称で、定義もある程度しっかりしているが、特に色の名前が付いていたりするものはブリーダーや販売者の主観で付けられた名前であることも多い。欧米のショーなどでは単に全てを「Crested Gecko」とだけ表記して販売される例も少なくない。

　飼育に関しては、ミカドヤモリ飼育の基本を守れば問題ない。人気種故にあまりに小さなサイズで安価に大量に売られているケースも多い。それらは特に乾燥に弱く、飼育経験の浅い人にはやや不向き。流通数は多いため、個体選びは焦らず慎重に。尾は1度切れたら再生しないため、取り扱いには注意したい。

スーパーダルメシアン

スーパーダルメシアン

リリーホワイト

レッドファントムリリーホワイト

スーパーレッドファントムリリーホワイト

スーパーレッドリリーホワイト

カプチーノ

スーパーカプチーノ

ブルーアイ

ブラック

サラシノミカドヤモリ

- 別名（流通名）：ルースゲッコー　●学名：*Correlophus sarasinorum*
- 分布：ニューカレドニア（本島南部）　●全長：20〜27cm前後　●CITES：非該当

　特徴的な種が多く存在するミカドヤモリの仲間において、やや悲運なヤモリと言うべきかもしれない。たしかに他種に比べると目立った特徴が少ないものの大型になることが知られ、全長25cmを超える例も多い。近年ではルーズジャイアントゲッコーと呼ばれることもあり、成体となった姿はみごとである。野生下での詳細は不明な点が多く、本島（グランドテラ）南部の局所にのみ分布するとされ、生息個体数はミカドヤモリの仲間でも少ないと言われている。そのせいか、ミカドヤモリの仲間においてペットとして流通したのは本種が最後であった。今でも他のミカドヤモリに比べると流通が少なめで、EU圏や国内の繁殖個体が少数ずつ出回る程度。モルフと呼ばれるものはあまり存在せず、首元に白いラインが襟のように入るホワイトカラー

若い個体

メス　ホワイトスポットの名で流通するもの

ホワイトカラーの名で流通するもの

　（White Collar＝白い襟）と呼ばれるタイプと、白い斑点を背中に持つタイプ（およびその両方）、ほぼ無地のタイプが存在する。それらは劣性遺伝だと言われているが、実際には不明な部分が多い。

　飼育に関しては特筆して難しい点はないが、成体となるとやや大型になるため、オウカンミカドヤモリよりもひと回り大きめの飼育環境を用意する。また、性成熟に時間がかかることもあり雌雄の判別がやや難しく、生後半年程度での判別は困難だと言える。早合点すると、概ねメスと間違えるので、幼体からの育成であれば1年程度じっくりと飼い込んでから判別しよう。

PERFECT PET OWNER'S GUIDES

マモノミカドヤモリ

Chapter 5
飼育タイプ別
世界のヤモリ図鑑
【樹上棲・湿潤タイプ】

- 別名（流通名）：チャホアミカドヤモリ ● 学名：*Mniarogekko chahoua*
- 分布：ニューカレドニア（本島中部から南部・パイン島） ● 全長：20～26cm前後 ● CITES：非該当

　マダガスカルにさまざまなヘラオヤモリ属（*Uroplatus*）が生息し、落ち葉や樹皮・地衣類などに擬態しているのだが、本種はその仲間かと思ってしまうほど、地衣類を模したような色柄が特徴的。英名でも Mossy New Caledonian Gecko とも呼ばれており、それを表している。本島（グランドテラ）と南東部に位置するパイン（パン）島にも生息していて、近年では産地ごとに分けられて流通するようになってきた。両者の差は実際のところ曖昧であるというのが筆者の本音だが、パイン島産とされる個体は首元を中心に白く太いバンドが明瞭に入る個体が多い印象を受ける。また、パイン島の個体群のほうが総体的に見てやや大きくなるとされているが、個体差が大きく、全ての個体に当てはまるとは言えないため断言は避けて

黒みの強い個体

苔むしたような配色

おく。
　飼育は特筆して難しい点はない。アグレッシブな個体が多く、昆虫類・人工飼料共に餌付きの良い個体が多い。気温も他のミカドヤモリの仲間よりも高温に耐性があり、成体となれば30℃前後となってもものともしない個体が多いが、無理は禁物である。他種のようなカラーバリエーション（モルフ）は存在せず、産地（ロカリティ）で分けられて販売されている。以前はパイン島産の個体が多いように感じたが、近年では本島産（グランドテラやメインランドなどの呼び名で流通）のほうが多い傾向にある。特に後者の流通は多く、入手には苦労しないだろう。

PERFECT PET OWNER'S GUIDES　　　　　　　　　　Chapter 5
飼育タイプ別
ツノミカドヤモリ
世界のヤモリ図鑑
【樹上棲・湿潤タイプ】

●別名（流通名）：ガーゴイルゲッコー　　●学名：*Rhacodactylus auriculatus*
●分布：ニューカレドニア（本島南部）　●全長：18〜23cm前後　●CITES：非該当

さまざまなモルフ名で流通する

　オウカンミカドヤモリと共に本グループを代表する人気種。ツノミカドヤモリの和名は定着しておらず、ほとんどの愛好家はガーゴイルゲッコーと呼んでいる。その"Gargoyle"とは怪物などをかたどった西洋の彫刻の名称であり、頭部の両サイドに発達する1対の瘤から成る風貌が名の由来だとされる。野生下ではミカドヤモリの仲間の中で最も見る機会が多いとされ、森林から住宅地の近くでも発見された例がある。そのせいか、本種は他のミカドヤモリよりも順応性が高く、高温・乾燥にも比較的耐性がある。餌の好き嫌いも少ない傾向にあり、状態さえ良ければ選り好みなく食べてくれるだろう。ただし、爬虫類も好物であり、同種の尾にもすぐに噛み付くことが多いので、多頭飼育はしないほうが無難である。

　本種もさまざまな名前が付けられているが、しっかりしたモルフというもの（AとBを交配させたらCが出るといったもの）は存在しない。ただし、ストライプやマーブル（レティキュレイテッド）などの模様や、赤みの強さなどはポリジェネティック（多因性遺伝）によって選別交配が可能とされており、親の特徴を顕著に受け継ぐと断言するブリーダーも多いので、興味のある人は長い目で見てじっくりとやり込んでほしい。近年は欧米だけでなくアジア圏からの輸入も多く、国内繁殖個体も盛んに出回るようになった。じっくりと好みの色柄を探すと良いだろう。

マーブル

PERFECT PET OWNER'S GUIDES　　　　　　　　　ヤモリ　　115

ツギオミカドヤモリ

- 別名（流通名）：ニューカレドニアジャイアントゲッコー ●学名：*Rhacodactylus leachianus*
- 分布：ニューカレドニア（本島・パイン島・その他周辺の島々）
- 全長：25～37cm前後 ●CITES：非該当

注：掲載写真のロカリティは全て流通時のもの

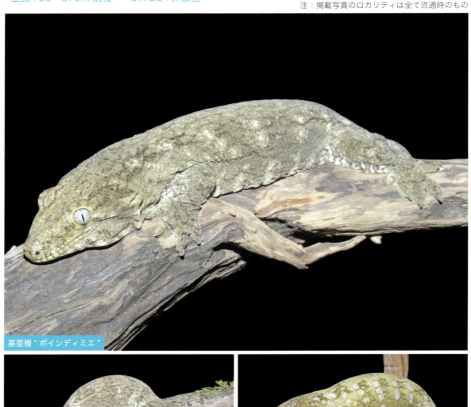

基亜種"ポインディミエ"

基亜種"ヤテ"

基亜種"グランテラ"

　ジャイアント（Giant）の名にふさわしい、世界を代表する大型ヤモリ。トッケイヤモリなども本種に匹敵する全長となるが、そちらは体に対して尾が長く、本種では逆に比して尾が短いうえに、体の太さもあって数値以上の迫力がある。今のところ世界最重量のヤモリと呼ばれているが、間違いないだろう（最大全長には諸説ある）。現在２亜種の流通が確認されており、本島（グランデラ）に生息する基亜種 *R. l. leachianus* と、パイン島とその周囲の無人島などを中心に分布する *R. l. henkeli* に分けられる。一時、*R. l. aubrianus* という亜種も存在したという説もあるが数十年前に抹消された。大型の爬虫類が存在しないニューカレドニアにおいては、爬虫類において頂点のような存在で、小型のミカドヤモリやババイヤモリの仲間なども捕食している。頑なに拒食状態に陥った個

幼体。基亜種"リビエールブルー"

若い個体。基亜種"Mt. コーギス"

基亜種"Mt. コーギス"（トロガーライン）

若い個体。基亜種"Mt. コーギス"（トロガーライン）

体に生きたヤモリなどを与えると、目の色を変えて襲いかかるケースも多い。

　2亜種共に多くのロカリティ（産地）が存在する。大まかに分けると、基亜種のほうが大型化し、亜種はひと回り小型とされている。特に基亜種のPoindimie（ポインディミエ）産やYate（ヤテ）産は大型化する傾向にあるということで人気が高い。流通量はどちらも少なく、本種の中でも高価。一方、亜種のNuu ana（ヌアナ）産は小型の個体群とされ、体色も明るく美しいためファンが多く流通量も比較的多い。ただし、経験の浅い人はもちろん、相当経験を積んだ人でも完璧なロカリティの判別は困難だと言われる。「名前に惑わされず、自身の好みの個体を飼育する」のが正しい形だと考える。

　ひと昔前まで *R. l. henkeli* は30cmに満たないとさ

基亜種。"Mt. コーギス"（フリーデルライン）

基亜種。"Mt. コーギス"（メラニスティックの名で流通したもの）

亜種

れていたが、飼育下では育成方法や各々の育成技術・飼育環境によって大きく左右されると考えられる。サイズはあくまでも WC の調査によるデータであり、飼育下では各個人の技量と飼育環境次第と考えておきたい。触り心地の良いヤモリで、その重量感も相まってハンドリングを熱望する人も多い。動きもおっとりしていて、初めて触れる人でも手の上でその感触を楽しめると思う。し

かし、成熟した本種は意外とアグレッシブな個体が多く、空腹時や発情時などではやや攻撃的になる個体が多い。特にケージ内に手を入れた瞬間、振り向きざまに噛んでくる個体が多いので気をつけよう。大型個体の歯は鋭く、噛まれると出血は免れない。心配な人は革手袋を常備しておくと良い。手に乗れば、乗っている手を噛もうとまではしないので、手を入れた瞬間を注意する。

亜種"パイン"

亜種"ピンク"という品種名で流通したもの

亜種"ブロセ"

　飼育は、幼体期（生後3～4カ月程度まで）はややデリケートで、脱皮不全には十分注意したいところであるが、それ以外では他のミカドヤモリに準じる。20cmを超えた個体は強健で、よほどの悪環境（30℃以上が続く、もしくは常に乾いているなど）にしないかぎり状態を崩すことはないだろう。ただ、本種は大型故に餌をたくさん食べるため、人工飼料の過食による肥満には十分注意すること。主にEU圏の繁殖個体が流通しているが、アジア圏からの輸入も多くなりつつある。先述のとおり、産地・亜種の真偽は昔からの永遠のテーマとなっている。こだわる人はとことんこだわれば良いが、そこまでこだわらないという人も、それはそれで良いだろう。

亜種 "ヌアナ"

亜種 "ヌアミ"

亜種 "モロ"

亜種 "モロ"

亜種 "Caanawa"

亜種 "ベヨネーゼ"

コモチミカドヤモリ

- 別名（流通名）：グレーターコモチミカドヤモリ　●学名：*Rhacodactylus trachyrhynchus*
- 分布：ニューカレドニア（本島中部から南部にかけて点在）
- 全長：27～33cm 前後　●CITES：非該当

　種小名からトラキリンチャスと呼ぶファンもいる。「子持ち」の名のとおり、卵ではなく子供を直接出産するという、ヤモリでは異端な存在。胎生とはいえ人間などとは異なり、メスの体内で卵を作りそのまま体内で孵化をしてから体外へ出てくる、いわゆる卵胎生である。希少種で、後述のコガタコモチミカドヤモリ（レッサーコモチミカドヤモリ）と共に流通量はヤモリの仲間全体でも格段に少なく高価。流通の少なさもあるだろうが、出産数や成熟のスピードが大きく影響していると考えられる。本種は成熟が遅いとされ、通常、同属別種が2～4年程度で完全に成熟するのに対し、本種はそれだと足りないという説がある。また、卵生の種は1年間に数回産卵するが、本種は1年に1回の出産で、生まれる数も1～2匹。殖えるペースはどう考えても他より少ない（2年に1回という説もあるが不詳）。

　ツギオミカドヤモリの尾を長くして全体的に細長くしたような体型だが、本種のほうが丸顔で優しい顔つきをしている。臆病な性格の個体が多く、大きさのわりには動きがすばやい。ハンドリングをすることは考えず、チューブ状のコルクなどを設置して落ち着ける場所を多く作ると良い。触れ合いが魅力のミカドヤモリの仲間ではあるが、本種はそうではないと考えたい。

　飼育に関しては他のミカドヤモリに準ずるが、やや湿度を好む傾向にあるため、こまめな霧吹きなどで調整し、自動のミスティングシステムなどを活用しても良い。餌はツギオミカドヤモリ同様に動物性タンパク質を必要とする傾向にあるので、果実食用人工飼料を中心として、コオロギやローチ類などの昆虫も積極的に取り入れると良いだろう。

コガタコモチミカドヤモリ

Chapter 5
飼育タイプ別
世界のヤモリ図鑑
【樹上棲・湿潤タイプ】

●別名(流通名):レッサーコモチミカドヤモリ　●学名:*Rhacodactylus trachycephalus*
●分布:ニューカレドニア(パイン島・モロ島など。いずれも狭小分布)　●CITES:非該当

　先述のグレーターコモチミカドヤモリに対し、1～2回り細身で小ぶりであるという点からレッサー(Lesser＝小さな、小型)の名が付けられ、一般的にはグレーターとレッサー、もしくは学名からトラキリンチャスとトラキセファルスと呼び分けられることが多い。本種は以前、グレーターの亜種という位置付けであったが、近年は別種として分類された。2種の外見上での判別はやや困難である。体色の違いがあるとされているが(グレーターのほうがやや黄色みが強い)、それは生息範囲の広いグレーターの個体差であるという説もあるので何とも言い難い。吻端の鱗の形状が異なる、または、吻端部の凹凸や顔の大きさなどに差異もあるとされているが、これも一般的には2種を並べて比べなければわからないだろうし、比べてもわかりにくいという声もある。信頼の置けるブリーダー、およびショップから購入する他ないだろう。

　飼育はグレーターに準ずるが、本種はより神経質な個体が多いとされているため、飼育の際は注意が必要。グレーターにも言えるがメス同士でも争う場合があり、不必要な複数飼育は避けたいところだ。

アグリコラクチサケヤモリ

Chapter 5
飼育タイプ別
世界のヤモリ図鑑
【樹上棲・湿潤タイプ】

- 別名（流通名）：——　●学名：*Eurydactylodes agricolae*
- 分布：ニューカレドニア（本島北部）　●全長：9～11cm 前後　●CITES：非該当

切れ込みは外耳まで途切れない

　ミカドヤモリという大きな人気カテゴリーのヤモリを有するニューカレドニアにおいて、「小型の変わったヤモリ」と言えば本属であろう。和名のとおり、口が大きく裂けているように見える顔つきのインパクトは大きいが、実際は口角付近から外耳付近まで切れ込みがあってそう見えるだけで、口が裂けているわけではない。また、鱗の形状や配列もおもしろく特徴的で、これらは本属全体の特徴だと言える。そういう意味でこの仲間はよく似た容姿と特徴を持つため、種判別が難しい。なお、本種は口角から外耳まで切れ込みが続いていることが特徴。自信のない人で複数種を飼育する場合、ラベリングをするなど混同してしまわないようにする。

　飼育や給餌はミカドヤモリに準ずる。高温・乾燥に注意するが、蒸れてしまう環境は避けること。通気性の良いケージを使い、霧吹きなどで調整する。小型だが性成熟はさほど早くない。卵詰まりなどの事故を防ぐためにも、繁殖は1年半以上育成させてから行うようにしたい。本属の中で最も古くから流通が見られ、近年、流通は安定している。欧米からの繁殖個体や国内での繁殖個体が定期的に出回っているので、目にする機会も少なくない。

セイブクチサケヤモリ

Chapter 5
飼育タイプ別
世界のヤモリ図鑑
【樹上棲・湿潤タイプ】

●別名（流通名）：オキシデンタリスクチサケヤモリ　●学名：*Eurydactylodes occidentalis*
●分布：ニューカレドニア（本島中西部）　●全長：8～10cm前後　●CITES：非該当

主に学名由来のオキシデンタリスクチサケヤモリの名で流通する。鱗に特徴があり、アグリコラクチサケヤモリやヴィエイヤールクチサケヤモリと比べると頭部や体の鱗1枚1枚が大きい。他種よりひと回り小ぶりで、最大全長も10cmほど。見慣れた人が成体を見比べれば十分識別が可能だろう。

飼育は同属他種に準じる。"第4のクチサケヤモリ"とも言われ、アグリコラ・ヴィエイヤール・シンメトリックと順に国内に流通し、国内へは2015年前後から4番目に少しずつだが見られるようになった。2024年現在も流通は決して多くないが、EU圏からのCB個体がわずかながら見られる。

シンメトリッククチサケヤモリ

Chapter 5
飼育タイプ別
世界のヤモリ図鑑
【樹上棲・湿潤タイプ】

●別名（流通名）：シンメトリカスクチサケヤモリ　●学名：*Eurydactylodes symmetricus*
●分布：ニューカレドニア（本島南部）　●全長：11～13cm前後　●CITES：非該当

やや期間は空いたがヴィエイヤールクチサケヤモリに続いて流通が見られるようになった。"第3のクチサケヤモリ"。特徴的なクチサケヤモリとしても有名で、口角から外耳まで切れ込みが続き、成体では後頭部付近に突起（クレスト）のようなものが現れる。頭頂部の鱗はセイブクチサケヤモリと同様に大型で、本種では左右対称のような配列となり、これがシンメトリカス（symmetric＝対照的）の由来とされている。最も大型と言われているが、まだ確実とは言えないようなので、明言は避けたい。

飼育は特筆して難しい点はなく、同属他種に準じる。2014～15年前後からEU圏からCB個体がごく少数ずつ流通するようになったが、2024年現在でも多くはない。性成熟がやや遅く、他種よりも雌雄を揃えることは困難な場合が多いかもしれない。

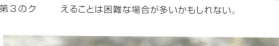

ヴィエイヤールクチサケヤモリ

Chapter 5
飼育タイプ別
世界のヤモリ図鑑
【樹上棲・湿潤タイプ】

- 別名（流通名）：ー　● 学名：*Eurydactylodes vieillardi*
- 分布：ニューカレドニア（本島中部以南）　● 全長：9〜11cm前後　● CITES：非該当

　アグリコラクチサケヤモリに続くかたちで、2010年代初頭頃から国内市場にて見られるようになった。外見はアグリコラによく似ており判別が難しいが、口角から外耳へ伸びる切れ込みがアグリコラでは外耳まで分断されることがないのに対し、本種は途中（外耳のやや手前）で、小さな鱗の列によって分断されていることで判別ができる。切れ込みの長さが異なるわけではなく、鱗の列が分断されるかどうかである。その他、全長や鱗の大きさはアグリコラとほぼ同様。

　アグリコラに次いで流通量は多く、EU圏のCB個体が主に出回る。近年は国内CB個体も見られるようになった。飼育は同属他種に準じる。

アカジタミドリヤモリ

●別名（流通名）：ニュージーランドグリーンゲッコー　●学名：*Naultinus grayii*
●分布：ニュージーランド（ノースランド地方）　●全長：17～19cm前後　●CITES：附属書Ⅲ類

　グリーンゲッコーの名で世界中の愛好家に知られ、「究極のヤモリ」とも言える至極の1種。鮮やかな緑色の体に白色の大きめな斑紋が背中に2列並ぶ容姿は、植物の多い環境にうまく溶け込むのだろう。実際、生息地でも植物の多い環境に見られる。長めの四肢を使いのそのそと歩くような動きを見せたかと思えば、樹の上へ向かって走り出したりと、不規則な動きが興味深い。昼行性で、昼間には樹上に出てきたり低木の上に登ったりして日差しを浴びる姿が見られる。本種（本属）の特徴として卵胎生種という点があり、成体のサイズからは想像できないほどの大きな子供を産む。妊娠期間は長く6～8カ月前後だとされている。近年は日本国内でも繁殖例が報告され、ペアを揃えることができて長期飼育を実現できたらチャンスはあるかもしれない。

　飼育困難種とされているが、最大のポイントは飼育温度にある。寒暖の差が大きい環境に棲み、特に低温の時間帯を飼育下でも設けることが必須条件となる。以前は常に25℃以下を下回る環境が必須とされていたが、夏場の日中（活動時間帯）において28℃前後まで十分耐性があり、逆にそのくらいまでしっかりと温度を上げたほうが調子が良いとされている。日光浴を積極的に行うため、紫外線も中程度のものを照射したいところだ。そして、夜間にしっかりと20℃前後まで温度を下げ、休ませる時間帯を設けられるかが長期飼育成功へのカギとなる。なお、冬場にはしっかりとした休眠期間（クーリング期間）を与える必要があるが、温度を5～10℃前後にしなければ休眠しない。このあたりの低温管理の実現が、日本の飼育者を悩ませる部分であるのと同時に飼育成功へのポイントだろう。蒸れには弱いわりに乾燥にも弱く、通気性の良いメッシュタイプのケージを使い、定期的な霧吹きを欠かさず行うことも条件となるだろう。基本的に昆虫食だが、果物も食べる。割合で言えば半々をベースとして、個体によってどちらかを積極的に好む場合もあるだろう。高温飼育をしないため、餌の量は少なめが無難（積極性もやや低いだろう）。

　本属には他に8種が知られているが、世界的に見ても流通が見られるのは本種と*N. elegans*くらいだろうか。どちらの種もCB個体がEU圏からごく限られた匹数で輸入されているにすぎず、見る機会は稀。本来ニュージーランドはオーストラリア同様に野生生物の持ち出し（輸出）はおろか、採集すら厳しい国柄だ。いずれにしても入手機会は限られ流通価格は高価である。そして、飼育難易度がトップクラスということもあり、飼育にトライできる人は限られている。まさに「究極のヤモリ」なのである。

ラールアセイヤモリ

- 別名（流通名）：イスパニョーラジャイアントゲッコー　●学名：*Aristelliger lar*
- 分布：ハイチ・ドミニカ共和国　●全長：20〜23cm 前後　●CITES：非該当

　独特な学名（アリステリガー・ラー）で、古くからその存在が知られているマニア垂涎のヤモリ。種小名の lar は、古代ローマの宗教の守護神であるラール（Lares）から。イスパニョーラ島の沿岸部に点在するように分布する。ひと昔前まではハイチの生き物がアメリカへ流通していたこともあり、本種もごく稀にWC 個体がアメリカに流通した後、日本へ輸入されていたが、保護によってそれもなくなった。2024年現在、流通はほぼ皆無と言える。幼体には首元に大きな黒斑（目玉模様）が1対見られ、尾にも黒いバンド模様が目立つが、いずれも成長と共に目立たなくなる。体色は黄褐色がベースで、ややオレンジがかった斑紋が背中に浮かぶ。動きが俊敏で、大型種とは思えないほどの動きを見せる。パワーもあるため、逃してしまうと捕獲には苦労するだろう。

　乾燥にも強く飼育は容易だが、飼育のチャンスがあるかどうか、断言は難しいところだ。

セントマーチンカブラオヤモリ

- 別名（流通名）：――　●学名：*Thecadactylus oskrobapreinorum*
- 分布：セントマーチン島（オランダ王国構成国の南側シントマールテンおよびフランス領である北側サンマルタン）　●全長：15〜20cm 前後　●CITES：非該当

　2011年に初記載されたカリブ海の美麗種。日本国内での初流通も2011年という記録があり、衝撃的だったことを鮮明に覚えている。黄土色の地色に黒い小ぶりの斑点が散りばめられ、オウカンミカドヤモリの人気モルフであるダルメシアンにも見える。しかし、斑数には個体差が見られ、ほぼ無斑の個体も存在する。流通してあまり時間が経過していないため、遺伝性までは不明。

　強健で、やや湿度のある環境を好むが、多少の乾燥にも高温にも強い。ただし、原産がカリブ海の島故に、低温と蒸れには注意。臆病な性格ではあるが飼育下での餌付きも良く、脱走に注意すれば飼育において困ることはないだろう。流通は不定期ながら見られ、欧米からのCB 個体・WC 個体共に多くはないものの出回っている。卵の孵化まで長期間を要するという説もあるが、他のヤモリと似たような期間で孵化した報告もあり、未だ謎な点が多い種だと言えるだろう。

PERFECT PET OWNER'S GUIDES　　　　Chapter 5
飼育タイプ別
世界のヤモリ図鑑
カブラオヤモリ
【樹上棲・湿潤タイプ】

- 別名（流通名）：──　●学名：*Thecadactylus rapicauda*
- 分布：メキシコ南部から南米大陸中部付近までの大多数の国々およびレッサーアンティル諸島
- 全長：15〜20cm前後　●CITES：非該当

　中米から南米にかけて広い分布域を持つ、中南米を代表する中型種。和名の「カブラオ」は、本種の再生尾が太短く、まるで野菜のカブラ（＝カブ）のように見えることに由来し、英名も同様にTurnip（＝カブ）Tailed Gecko。野生下では再生尾の個体が多いため、それがオリジナルだと思われていたという説もあるが、真意は不明。茶褐色の個体が多いものの、灰褐色・黒い不規則な斑紋の目立つ個体など個体差が大きく、別種と思うほどの差も見られる。

　飼育にあたっては丈夫なヤモリだが、大多数がWC個体のため、輸入時の着状態に左右されがちである。乾燥にやや弱く脱水になっている個体は処置が遅れると回復しないこともあるため注意したい。飼育環境はセントマーチンカブラオヤモリよりもやや湿度が高めの環境を保ち飼育すると良い。主にニカラグアからWC個体が不定期に流通する。

PERFECT PET OWNER'S GUIDES　　　　Chapter 5
飼育タイプ別
世界のヤモリ図鑑
アントンジルネコツメヤモリ
【樹上棲・湿潤タイプ】

- 別名（流通名）：：──　●学名：*Blaesodactylus antongilensis*
- 分布：マダガスカル北東部から東部　●全長：18〜22cm前後　●CITES：非該当

　大理石のような白黒の体色が美しいマダガスカル産の大型樹上棲種。特に夜間や興奮時には発色がより顕著になる。

　マダガスカル北東部から東部の沿岸にあるやや乾いた森林に生息しており、イメージほどに湿度は必要ない。ただし、過度な乾燥には強くないため、通気の良いケージを用い、霧吹きをこまめにするようにしたい。後述の同属2種にも言えるが、大型種でやや神経質な面もあるため、あまり狭いケージで飼育するとなかなか餌付かない個体も多い。ややゆとりのある高さのあるケージでじっくり飼育しよう。以前はマダガスカルからWC個体が毎年定期的に流通していたが、近年、理由は不明だが特に本種は流通が少ない（ほぼ見られていない）ため、入手のチャンスは限られている。

ボイヴィンネコツメヤモリ

Chapter 5
飼育タイプ別
世界のヤモリ図鑑
【樹上棲・湿潤タイプ】

- 別名（流通名）：── ●学名：*Blaesodactylus boivini*
- 分布：マダガスカル北部から北西部 ●全長：23〜27cm前後 ●CITES：非該当

30cmに迫るとも言われる、マダガスカル産のヤモリでもトップクラスの大型樹上棲種。アントンジルネコツメヤモリほどくっきりとした模様はないが、灰色と黒色の濃淡やバンド模様で構成され、活動時間帯は特にメリハリが出て美しくなる。

強健だが過度な乾燥には注意し、通気の良いケージにてこまめな霧吹きで調整する。動きは速めなうえに大型でパワーもあり、ケージの蓋の不完全などによる脱走には十分注意する。近年流通量は減ったものの、本種とサカラバネコツメヤモリは比較的安定した流通が見られ、マダガスカルから生き物が輸出される最盛期である11月から翌年5月頃までは、見かける機会も十分あるだろう。

サカラバネコツメヤモリ

Chapter 5
飼育タイプ別
世界のヤモリ図鑑
【樹上棲・湿潤タイプ】

- 別名（流通名）：── ●学名：*Blaesodactylus sakalava*
- 分布：マダガスカル北西部から南部にかけての沿岸部 ●全長：18〜22cm前後 ●CITES：非該当

マダガスカルのネコツメヤモリ属（*Blaesodactylus*）の中では最も広い生息域を持つ、マダガスカルを代表する大型樹上棲種。外見はボイヴィンネコツメヤモリに似るが、本種のほうがひと回り以上小ぶりで、体表の鱗も本種のほうがやや滑らか。腹面の色柄も異なり、本種では白一色（無地）なのに対し、ボイヴィンは黒い斑模様が入る。

広い生息域が示しているように、本属でも特に強健で、多少の乾燥や低温・高温いずれにも耐性がある。広めのケージを用意できれば、飼育自体は難しくない。流通量も比較的多く、マダガスカルから生き物が輸出される最盛期である11月から翌年5月頃までは入手のチャンスは十分ある。

幼体

オオバクチヤモリ

- 別名（流通名）：センザンコウバクチヤモリ　●学名：*Geckolepis maculata*
- 分布：マダガスカル北部から南西部にかけての沿岸部　●全長：12〜15cm前後　●CITES：非該当

　マダガスカルを代表するヤモリの1つで、その異質な姿に驚いた人も多いだろう。大きな鱗に覆われ、光の当たり具合で紫色などに輝くマジョーラカラーのような体表と、愛らしい丸い顔つきに胴長短足の体型が特徴である。

　過度な乾燥と高温に注意すれば飼育は比較的容易だが、本種の特性（特に食性）を理解していないと失敗しやすい。昆虫もある程度食べるが、どちらかと言うと果実や花の蜜などを好んで食べる傾向があり、飼育下でも果実食用の人工飼料を主に使用したい。口が小さいため体型と比べても小ぶりな昆虫類を与えないと見向きもしない場合がある。

　有名な話ではあるが、本種は体の皮が剥がれやすい性質を持つ。これは外敵に襲われた時、皮膚を捨てて逃げ去るためのものであるため、ある程度剥がれることが前提のものである。再生速度は速いが、かといってあまりに剥がれてしまうと死に至る危険性があるため、捕獲には細心の注意を払う。あまりに強く掴むのはNGだが、かと言って弱く掴めばいいというものでもない。自身が掴み慣れるしかないだろう。古くから流通が見られ、今でも毎年安定してWC個体の流通が安定して見られる。

モトイバクチヤモリ

Chapter 5 飼育タイプ別 世界のヤモリ図鑑 【樹上棲・湿潤タイプ】

- 別名（流通名）：コモンバクチヤモリ ●学名：*Geckolepis typica*
- 分布：マダガスカル ●全長：10〜12cm前後 ●CITES：非該当

　主にコモンバクチヤモリの名で流通する。オオバクチヤモリに酷似しており、しばしば2種類が混ざった状態で輸入されることもある。見分けは難しいが、背中に白い斑点が入る個体が本種であるという説が濃厚。ただし、このあたりの分類は混沌としており、さらに別種として扱われる可能性もあるため、あくまでも2024年現在の情報ということで理解頂きたい。
　飼育や特性はオオバクチヤモリに準ずる。流通は本種のほうが少ないため、目にする機会は限られる。

ワキヒダフトオヤモリ

- 別名（流通名）：ハルマヘラジャイアントゲッコー　●学名：*Gehyra marginata*
- 分布：インドネシア（ニューギニア島西部・マルク諸島）　●全長：20〜25cm前後　●CITES：非該当

主にハルマヘラジャイアントゲッコーの名で流通する。樹皮に擬態したような見ためやサイズ感がツギオミカドヤモリに似ており、昔はツギオミカドヤモリの流通が少なかったことから「ツギオミカドの代替品」といった扱いをされていた時代もあった。本種のほうが尾が長く、グリーンの目を持つ個体が多い。ただし、ツギオミカドヤモリと異なり、本種は非常にすばやい。普段は活発な動きを見せないため油断しがちだが、捕獲しようとするとかなりの速さで逃げ回る。バクチヤモリの仲間同様、皮膚が剥けやすいという特性もあるため、取り扱いはやや難しい。

丈夫な種ではあるが流通の大多数がWC個体のため、輸入時の着状態に左右される。低温と乾燥にやや弱いため、輸入後あまり時間が経ってない個体はやや湿度が高めで、温度も高めの環境で飼育する。主にインドネシアからWC個体がある程度定期的に流通する。

幼体

オンナダケヤモリ

- 別名（流通名）：―――　●学名：*Gehyra mutilata*
- 分布：日本（南西諸島）・東南アジア各国・メキシコ・アメリカ合衆国（ハワイなど）・インドなど
- 全長：9〜12cm前後　●CITES：非該当

「女だけ＝メスだけ＝単為生殖のヤモリ」のように誤解されることがあるが、意味としては沖縄本島の恩納岳（おんなだけ）が日本で初めて発見された場所であるため、この和名が付けられた。世界中に広く分布（移入）しているが、本来の原産地は東南アジアである。

丈夫で、過度な低温だけ注意すれば問題なく飼育できる。インドネシアなどから餌用のヤモリ（ハウスゲッコーの名で流通する何種類かのヤモリ）の1種として輸入されるが、匹数はやや少なく混ざらないことも多々ある。本種だけを指定しての輸入もあまり例がない。そういう意味では、販売個体を探しても意外と見つからない種だと言えるかもしれない。

タンヨクフトオヤモリ

- 別名（流通名）：ヴォラックスジャイアントゲッコー ● 学名：*Gehyra vorax*
- 分布：フィジー共和国・バヌアツ共和国・トンガ王国
- 全長：20〜25cm前後 ● CITES：非該当

ファンの間では学名由来の"ヴォラックス"の名で呼ばれる、今も昔も「幻のヤモリ」の1つ。2004年前後にWC個体が少量のみ流通があったが、それ以外はほぼ見られない。たまに *G. vorax* の学名で海外輸出者（インドネシアなど）からオファーが来たり欧米のショーなどに並んでいたりするが、実際は99％ワキヒダフトオヤモリ（*G. marginata*）である。本やインターネット上の写真・記事なども *G. vorax* 表記で *G. marginata* が紹介されていることが多いため、調べ物をする際も注意が必要。実際、本種とワキヒダフトオヤモリは原産地が大きく異なり、その2種が混ざって流通することはあり得ない。外見も異なり、本種のほうが細身でヤモリらしい体型を持つ。色彩も変異に富んでいて、赤みの強い個体や黄色みの強い個体、キャリコのような色が織り混ざった個体などさまざまであるが、生息地による差異なのか単なる個体差なのか、そのあたりのデータは不詳。

飼育に関してはワキヒダフトオヤモリに準ずるが、いかんせん飼育例が少ないため断言はできない。今後の流通も、強いて言えばEUの愛好家が繁殖させた個体がごく稀に出回るかもしれないが、期待はできないと思ったほうが良いだろう。

色彩の個体差が非常に大きい

バナナヤモリ

Chapter 5
飼育タイプ別
世界のヤモリ図鑑
【樹上棲・湿潤タイプ】

- 別名（流通名）：ゴールデンゲッコー　●学名：*Gekko badenii*
- 分布：ベトナム南部　●全長：15～20cm前後　●CITES：非該当

東南アジアの定番種として親しまれているやや大型の樹上棲種。ただし、生息域は限られており、ペット市場に多く流通し始めたのも2000年に近くなってから。以降はベトナムからWC個体の安定した流通が見られている。活動時間でない時など色が落ちている時は背中から尾にかけて黄褐色、もしくは茶色に近くなり、バナナとはほど遠い見ためとなる。一方、夜間や霧吹き後の高湿度下などで活性化している時には、鮮やかな黄色の発色を見せてくれる。

飼育はトッケイヤモリなど他の東南アジア産樹上棲種に準じる。乾燥と低温には強くないため、特に輸入後間もない個体は注意。狭い場所だと餌付きが悪い場合も多く、高さのある広めのケージを使用すると良い。

本種は明暗の変化がわかりやすい

トッケイヤモリ

Chapter 5
飼育タイプ別
世界のヤモリ図鑑
【樹上棲・湿潤タイプ】

- 別名（流通名）：トッケイ　●学名：*Gekko gecko*
- 分布：中国南部からラオスを経て南へ東ティモールまで。西はネパールまで（バングラデシュには亜種 *G. g. azhari* が生息）　●全長：23〜35cm 前後　●CITES：附属書II類

撮影地：タイ

蛾を捕食するトッケイヤモリ。撮影地:タイ

若い個体。撮影地:タイ

民家周辺から林内などに生息する。撮影地:タイ

ベトナム産

幼体

　学名が示すように、「ヤモリ中のヤモリ」「Gecko of Gecko」とも言えるであろうヤモリを代表するとも言える大型樹上棲種。観光地などを含め東南アジアに広く分布しているため、爬虫類に興味のない人でもメディアや現地(観光旅行など)などでその姿を見たことがある人も多いかもしれない。水色・赤色・白色で構成された派手で作り物のような見ためは改良されたものではなく、自然が作り出した芸術品とも言える美しさをしている。幼体は色彩がやや異なり、黒色の地に赤色と青白い斑点が入るシックなカラーリングとなる。本種の特徴(魅力)はその大きさにもある。最大全長はテイオウヘラオヤモリ・ツギオミカドヤモリに次いで3番目だと言われているが、実際、本種で全長35cmを超えている例もあり、これらの順位に関してははっきりつけられないと筆者は考えている。主にタイの個体群が大きくなると言われているが、それのみが大型なのか、単に採集圧の問題なのか、不明な点が多いため断言は避けたい。

　古くから流通があり、ペットヤモリとして一般的であったことが示すように飼育に関して難しい部分はない。強いて言えば低温と乾燥には強くないため、幼体や輸入直後の個体はやや高温多湿気味での管理を推奨する。また、その他の大型種にも言えることだが、特にWC個体はケージが狭いとなかなか餌付かないこと

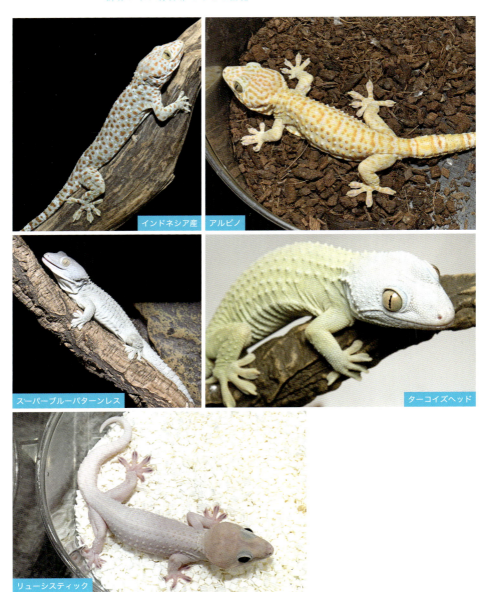

インドネシア産 / アルビノ / スーパーブルーパターンレス / ターコイズヘッド / リューシスティック

が多いため、高さがある広いケージを用意しよう。そして、本種は気性が荒い。飼育を続けるとおとなしくなるという例もあるが、あくまでも「例がある」という話だ。顎の力が強く、30cm近い個体に指など咬まれたのなら流血などの事態は避けられないため、革手袋などを使ってメンテナンスを行うようにする。

昔はベトナムやインドネシアからWC個体が大量に流通していたが、2019年11月26日（施行日）からワシントン条約附属書Ⅱ類に記載された。ベトナムが提案国の1つであったため、ベトナムから輸出許可が下りなくなってしまった（2024年現在、1度も出ていない）。現在はインドネシアからのWC個体の流通が主

パターンレスグリーン

スーパーレッド

ホワイトキャリコ

ブラックキャリコ

アザンティックブラックパール

流となり、他には不定期ながらEU圏からCB個体が少数ずつ流通する。

　近年は色彩変異個体の流通も活発化しており、リューシスティックやキャリコ・パターンレスなどバリエーションは多岐に及ぶが、遺伝性は不明な点が多い。実際に流通個体の多くはWC個体で、飼育下で繁殖させて作り出した品種ではない。近年になって急に多くが流通しているということと、本種の繁殖は思いのほか困難で性成熟に時間がかかる点を踏まえると、十分に検証されているとも思えないため、遺伝性に関しての明言はできない。

グロスマンマーブルヤモリ

- 別名（流通名）：マーブルゲッコー　●学名：*Gekko grossmanni*
- 分布：ベトナム南部　●全長：18〜23cm前後　●CITES：非該当

　主にマーブルゲッコーの名で流通し、グロスマンの名が使われることはほぼない。灰褐色や茶褐色の地色に白い斑紋が入る。一見するとやや地味な種類だが、夜間の活動時間など活性化している時には地色からオレンジの発色が見られ、その変わるさまは印象深い。

　飼育に関してはバナナヤモリやトッケイヤモリに準ずる。バナナヤモリ同様、ペット市場に多く流通し始めたのは2000年に近くなってからで、近年はベトナムからWC個体の安定した流通が見られている。

クールトビヤモリ

- 別名（流通名）：クーリーパラシュートゲッコー　●学名：*Gekko kuhli*
- 分布：マレーシア・インドネシア・タイ南部・ミャンマー・シンガポールなど
- 全長：15〜18cm前後　●CITES：非該当

　英名ではフライングゲッコーの名を持つ。以前は後述のスベトビヤモリと共にパラシュートゲッコーの名で区別されず流通していたことも多かったが、近年は分けられて流通している。まさしく樹皮のような模様は擬態には十分すぎると言えるだろう。本種に限らずこの仲間は、フライングゲッコーの名のとおり、樹上にて身の危険を感じると木から木へ飛び移るように移動し、その際、水掻き状の手のひらや体側の襞（ひだ）状の皮膚を広げるようにして空気抵抗を増して滑空する。ただし、残念ながら飼育下ではスペース的にも見ることはできないだろう。

　過度な高温と乾燥に弱いが、輸入状態さえ良ければ飼育も難しくない。主にマレーシアやインドネシアからWC個体の流通が比較的安定して見られる。

スベトビヤモリ

- ●別名（流通名）：——　●学名：*Gekko lionotum*
- ●分布：ミャンマー・タイ・ベトナム・バングラデシュ・マレーシア
- ●全長：15～18cm前後　●CITES：非該当

　クールトビヤモリに酷似するが、そちらは尾に褐色の濃淡によるバンド模様が見られるが、本種ではそれが不明瞭なことが多い（若い個体は明瞭な場合もある）。また、尾先の形状が大きく異なり、クールトビヤモリでは完全尾の場合、尾先がうちわ状の大きな一節になるのに対し、本種はそうならず、尾の付け根から尾先までほぼ均一な節が続く。この2点で見分けは可能だろう。
　クールトビヤモリと同じく高温と乾燥に弱いが、輸入状態さえ良ければ飼育も難しくない。主にマレーシアやインドネシアからWC個体の流通があり、近年は本種のほうが多く流通する傾向が見られる。

チュウゴクトッケイヤモリ

- ●別名（流通名）：リーブストッケイ・クワンシートッケイ　●学名：*Gekko reevesii*
- ●分布：中国南部・ベトナム北部　●全長：23～28cm前後　●CITES：非該当

　「トッケイ」の名を持つがいわゆるトッケイヤモリとは別種。トッケイヤモリに似ているが、体色に青みがなく、緑褐色からグレーの地で、赤い斑点も本種はどちらかと言えば細切れ状に入りあまり目立たない。トッケイヤモリを全体的に地味にした印象だろうか。生息地個体数は少ないとされ、一部では厳重に保護されている。また、棲む場所（好む環境）に違いが見られ、トッケイが人間の生活圏に普通に現れるが、本種は森林やそれに近い洞窟などに潜むように生活している。そのためか色合いが周囲の環境に合わせて暗めに進化したのかもしれない。性格はトッケイヤモリ同様に荒く、動きもすばやい。
　大型種故にパワーもあって危険なので、やはり捕獲時には革手袋などを用意する。飼育に関しては特筆して難しい点はないが、やや神経質な面があり、オープンスペースのみの環境だとなかなか餌を食べないことがあるので、大きなコルクなどを複数立てかけるなどして落ち着く場所（隙間）を作ると良い。稀にWC個体やEU圏のCB個体が流通するが、入手のチャンスは限られてくるだろう。

シャムヒスイメヤモリ

- 別名（流通名）：シャムグリーンアイゲッコー ●学名：*Gekko siamensis*
- 分布：タイ中部 ●全長：23〜26cm前後 ●CITES：非該当

近年になって少数ずつ輸入が見られるようになったタイ固有の大型種。森林に生息する。スミスヤモリに似るが本種のほうがひと回り小型で、体色もグリーンの色合いが弱く、全体的にも色調が薄めで淡い色合いを持つ。また、スミスヤモリには頭頂部付近にＹ字のような模様が入るのに対し、本種でそれは見られないため、区別は十分可能。

性格はやや臆病なため、広めで落ち着ける環境を用意する。それ以外は低温にだけ注意すればトッケイヤモリなど多くの樹上棲種と同様の飼育方法で問題ない。

スミスヤモリ

- 別名（流通名）：グリーンアイゲッコー ●学名：*Gekko smithii*
- 分布：タイ南部・マレーシア・インドネシア
- 全長：25〜33cm前後 ●CITES：非該当

トッケイヤモリと双璧を成す東南アジアを代表する大型樹上棲種で、森林棲。流通する個体は亜成体や若い個体が多いが、広めのケージでじっくり飼い込むと30cmをゆうに超え、トッケイヤモリに勝るとも劣らない迫力となる。その名のとおり翡翠（ひすい）のようなグリーンの大きな眼が美しく、ファンが多い。体色は時間帯によって変化を見せるが、発色時はモスグリーンの地色が強く浮き出る。

トッケイヤモリに比べると神経質なため、特に輸入後間もない個体は落ち着ける環境を用意してじっくり慣れさせる必要がある。乾燥にも弱いため、霧吹きなどはこまめに行う。性格はトッケイヤモリに準ずるため、本種も取り扱い時には革手袋などを用意する。マレーシアやインドネシア（主にマレーシア）から比較的安定した輸入が見られるが、いずれも着状態にむらがある。脱水を起こしていたり過度に痩せた個体は立ち上がらない可能性も高いので、扱いに慣れていない人は輸入してから少し経過した個体を選ぶと良い。

虹彩は美しい緑色

透明感のある水色の虹彩をした個体

マレーシア産

ヤシヤモリ

Chapter 5
飼育タイプ別
世界のヤモリ図鑑
【樹上棲・湿潤タイプ】

- 別名（流通名）：ホワイトラインゲッコー　●学名：*Gekko vittatus*
- 分布：インドネシア・ニューギニア・ソロモン諸島およびその周辺の島々
- 全長：20〜25cm前後　●CITES：非該当

　グロスマンマーブルヤモリと共にベトナムから多く流通が見られる、東南アジアの代表種。しかし本種も流通が始まったのは1990年代後半あたりと比較的近年である。褐色に樹皮のような模様の種類が多い本属の中では異彩を放つ体色の持ち主で、ホワイトラインゲッコーの呼び名でも親しまれているとおり、頭部から尾にかけて走る鮮やかな白い1本線が大きな特徴。体色も独特で、暗色時は薄めの茶褐色だが、夜間など活動時には鮮やかな山吹色を見せてくれることもあり、白いラインとのコントラストは上品な美しさだ。

　飼育は他の東南アジアの樹上棲種（近縁種）に準じる。近縁種に比べてやや細身で小ぶりだが、広めのケージは用意しよう。

ヒロオビナキヤモリ

Chapter 5
飼育タイプ別
世界のヤモリ図鑑
【樹上棲・湿潤タイプ】

- 別名（流通名）：ファシアータナキヤモリ　●学名：*Hemidactylus fasciatus*
- 分布：ギニア南部からベナン南部までの沿岸部（ナイジェリアにも分布？）
- 全長：14〜17cm前後　●CITES：非該当

　アフリカ大陸を中心に広く分布するナキヤモリ属（*Hemidactylus*）はやや地味な種が多いなか、本種は模様や色彩が特徴的かつインパクトのある美麗中型種。通常は灰褐色の地色に背中に黒いバンド模様が入るが、活動時間帯は黄褐色となることも多く、別種と思ってしまうほどの変化を見せる。そのバンド模様の周囲には黄色い縁取りがあり、派手さが増して見える。幼体は帯模様がよりはっきりとし、ヒョウモントカゲモドキの幼体のようにも見える。

　丈夫な種であるが過剰な乾燥には弱い。特に幼体や輸入されたばかりの個体にはこまめに少量ずつ霧吹きをして脱水にならないよう、かつ、蒸れないよう注意する。以前はまとまった流通が見られなかったが、2010年代になってからトーゴやガーナから安定した流通が見られている。

ヤモリ　145

インドオオナキヤモリ

Chapter 5
飼育タイプ別
世界のヤモリ図鑑
【樹上棲・湿潤タイプ】

- 別名（流通名）：ギガンテウスナキヤモリ　●学名：*Hemidactylus giganteus*
- 分布：インド南部　●全長：25〜28cm 前後　●CITES：非該当

　30cmを超えるような個体も記録されている最大級のナキヤモリ。*giganteus* の種小名は属内最大種に付けられることが多いが、全長だけ見るとプラシャードナキヤモリも同等の大きさとなるため、ここでは念のため「最大級」とした。やや扁平で長くひょろっとした体型の種が多いナキヤモリ属ではやや特異な体型を持つ。頭部・体に厚みがあり、四肢はやや短めですんぐりした雰囲気でツギオミカドヤモリに近い印象すら受ける。黒褐色から灰褐色の地色に金色に近いような褐色の帯模様が波打つように入る色柄は他種にはない豪華さがあり、夜間は発色がさらに良くなることもあって目を見張るものがある。

　飼育欲をそそられる種ではあるが、生き物の輸出を厳しく制限しているインドが原産国のため、WC個体の流通は見込めない。EU圏などからの繁殖個体の流通を待つのみとなるが、過去に数えるほどしか例がなく、入手の機会は非常に少ない。

プラシャードナキヤモリ

Chapter 5
飼育タイプ別
世界のヤモリ図鑑
【樹上棲・湿潤タイプ】

- 別名（流通名）：――　●学名：*Hemidactylus prashadi*
- 分布：インド南西部　●全長：17〜20cm 前後　●CITES：非該当

　インドの限られた山脈にのみ生息するとされる大型樹上棲種。大型でありながら美しさも兼ね備えており人気が高い。特に幼体は、黒色に近い焦茶色の地に黄色みがかった白色の斑点が入って美しい。成体では、夜間の活動時間帯には黄色い発色を見せることもあり、幼体とはまた違った趣きがある。

　成体は強健だが、幼体は脱水と低温に弱いため注意。大型種でありながらやや神経質な面があり、コルクなど隠れられる場所を多く配置し、落ち着ける環境を整えたい。インドは生き物の保護に力を入れており、ヤモリを含む爬虫類に関して一般的な輸出は全て許可されないため、WC個体の流通は皆無。EU圏からのCB個体が少数ながら比較的安定して流通しているため、目にする機会はあるだろう。

若い個体

幼体

オガサワラヤモリ

- 別名（流通名）：──── ●学名：*Lepidodactylus lugubris*
- 分布：世界の亜熱帯から熱帯域の国々（アフリカ大陸には分布しないとされる）
- 全長：6～8cm前後 ●CITES：非該当

撮影地：沖縄本島

撮影地：沖縄本島

インドネシア産

黒みの強い個体。腹部は黄色

　強健さと順応性の高さで、キノボリヤモリ以上に世界各地に移入・帰化している。世界各地に広がりすぎてしまい、大元の原産国が不明となってしまったほどで、亜熱帯から熱帯の気候の国々に定着している。日本でも小笠原諸島や沖縄諸島など温暖な気候の地域で見られ、小笠原諸島で見つかったということで名が付けられた。キノボリヤモリ同様、単為生殖という繁殖形態であり、生後1年程度の個体が1匹いれば十分繁殖が可能となる。基本的にメスのみなので交尾行動は必要なく、単独で繁殖できる。別の言い方をすれば、本種の存在しない国・地域に1匹でも移入してしまうと、どんどん殖えてしまって定着する可能性があるのだ。加えて、先述のとおり強健で順応性が高いこともあって、ここまで世界中に広がっている。日本では南西諸島を除き、ほとんどの地域に厳しい冬が訪れるため定着する可能性は低いが、飼育の際は脱走に十分気をつけること。

　飼育に関しては、基本的な樹上棲種の飼育スタイルを用いる。果実食の傾向も高く、果実食用の人工飼料だけでも飼育可能だ。協調性も良く、多頭飼育も可能であるが、10匹いれば全個体がメスで卵を産むことになるため、意図しない繁殖には注意しよう。

模様がほぼ入らない個体

キノボリヤモリ

- 別名（流通名）：――　●学名：*Hemiphyllodactylus typus*
- 分布：日本の南西諸島を含むアジア圏の亜熱帯から熱帯域の国々・ニューカレドニア・トンガ・フィジー・モーリシャス・レユニオン・ハワイなど（フィリピンが起源とされるが詳細は不明）
- 全長：7～9cm前後　●CITES：非該当

ダックスフントのような胴長短足の特異な体型を持つ小型種。オガサワラヤモリ同様に建築用の木材や樹木、あるいは船自体などに紛れ込んで広範囲に移入・帰化している。日本国内でも、南西諸島の一部（西表島をはじめ宮古島や石垣島など）で帰化が確認されている。本種の特徴の1つに単為生殖であることが挙げられる。メスのみで繁殖が可能で、世界的に分布が広がった1つの要因と言える。

オガサワラヤモリと比べると陰気でやや神経質なため、植物などをふんだんに入れた環境を用意して落ち着かせると良い。完全な夜行性なので給餌はできるかぎり暗くなってから行う。飼育環境としてはイロワケヤモリなどに準ずる。基本的には日本国内にて採集されたWC個体が少数ずつ流通するが、稀に産地が明記されたCB個体がEU圏から出回ることがある。ただし、単為生殖なので遺伝子的には全て同様であり、差異はほぼ見られないだろう。

アサギマルメヤモリ

- 別名（流通名）：コンラウイマルメヤモリ　●学名：*Lygodactylus conraui*
- 分布：ギニア南部からカメルーン南西部までのアフリカ大陸大西洋沿岸部
- 全長：4～5cm前後　●CITES：非該当

学名のコンラウイと呼ぶ愛好家が多いかもしれない。初流通は2015年前後で、当初はカメルーンにしか生息していないという情報もあったが、アフリカ中西部に広範囲に生息していることがわかり、国内への流通量も増えた。タンザニアがマルメヤモリの宝庫ということもあり、以前は本属の種類が多く流通していたものの、同国が生き物の輸出をストップして以降、激減していた。そういった状況での本種の登場は国内の愛好家を喜ばせた。これぞ小型美種というべき容姿で、性成熟したオスはエメラルドブルーと黄色・オレンジ色のみごとな配色。

飼育欲をそそられるが、難点としてはその小ささにある。最大でも全長5cm少々で細身ということもあり、脱走には細心の注意を払わなければならない。頭さえ入れば出てしまうので、穴という穴、隙間という隙間を確実に塞ぐ。マルメヤモリの仲間全般にも言えるが、脱水には弱いため、給水も兼ねて霧吹きをこまめに行うようにする。近年はトーゴやナイジェリアなどから比較的安定した流通が見られる。産地による色彩の変異もしばしば話題となるが、混ぜた時に判別ができるほどの決定的な違いは見受けられない。

アカオマルメヤモリ

●別名（流通名）：グロテイマルメヤモリ　●学名：*Lygodactylus grotei*
●分布：タンザニア東部・モザンビーク北東部　●全長：4〜5cm前後　●CITES：非該当

　学名由来のグロテイマルメヤモリの名で流通することもある。灰褐色の地色に黒と白のストライプが入る体色で、成熟した個体は雌雄問わず尾がオレンジ色に染まり、そのオレンジ色は成熟具合や活性具合によって濃淡が変化する。

　流通は元々非常に少なく不定期で、2012〜2013年前後に少数が流通した程度かと思われる。数年前に本種の名でアフリカ西部から輸入が見られたが、結果として別種であった。2024年現在、他のタンザニア産の種類同様に流通は完全にストップしている。元々の流通量が少ないせいか、EU圏のCB個体や国内CB個体の流通も聞かれないため、目にすることは非常に少ない。

カンムリマルメヤモリ

●別名（流通名）：――　●学名：*Lygodactylus kimhowelli*
●分布：タンザニア東部　●全長：6〜7cm前後　●CITES：非該当

　キガシラマルメヤモリと共に最も流通量の多いマルメヤモリの仲間として古くから親しまれていた。しかし、2014年にタンザニアが生き物の輸出をストップして以降、WC個体の流通がなくなり、流通量は激減した。青白い地色に4本の黒いストライプが入り、頭部は黄色に染まる。キガシラマルメヤモリに似るが、はっきりしたストライプの有無と頭部の模様の入り方が異なるため、見分けは難しくない。また、本種のほうが大型になり全体的に扁平である。

　マルメヤモリの仲間でも大型で、その分、脱水にも多少強く他種より丈夫だと言える。動きは特に速いため、脱走には注意する。先の理由からWC個体の入手は困難だが、EU圏や国内の繁殖個体が不定期ながら流通するため、入手のチャンスはあるだろう。

キガシラマルメヤモリ

Chapter 5
飼育タイプ別
世界のヤモリ図鑑
【樹上棲・湿潤タイプ】

- 別名（流通名）：――　●学名：*Lygodactylus picturatus*
- 分布：ケニア南東部・タンザニア東部（サンジバルを含む）・モザンビーク北部・マラウィ
- 全長：5～6cm 前後　●CITES：非該当

　美しい見ためと流通量の多さで古くから親しまれていたマルメヤモリの仲間。本種もまたタンザニアが生き物の輸出をストップして以降、流通量は激減した。頭部はレモンイエロー、体はスカイブルーといったシンプルで目を引くカラーリングはありそうでない。配色はカンムリマルメヤモリと似るが、頭部の黄色の発色は本種のほうがより強くなり、黒い模様は細かく少ない。体型も本種のほうが丸み（体高）がある。

　2024年現在、やはりWC個体の流通のない状況が続いている。本種はカンムリマルメヤモリよりもEU圏や国内の繁殖例が乏しく、目にする機会はさらに少ないと言える。

アオマルメヤモリ

Chapter 5
飼育タイプ別
世界のヤモリ図鑑
【樹上棲・湿潤タイプ】

- 別名（流通名）：ブルーゲッコー　●学名：*Lygodactylus williamsi*
- 分布：タンザニア中部（ごく狭い範囲）　●全長：5～6cm 前後　●CITES：附属書I類

　全身が深い青色に染まるその姿は唯一無二であり、2005年前後の初流通時の衝撃が記憶に新しい。同時に、ターコイズグリーンの個体も同時に多数輸入され、本当にあの青色になるのかと不安になったことも事実である。実際、青く染まるのは成熟したオスのみであり、メスと若い個体（オスを含む）は全身がターコイズグリーンとなる。元々タンザニアの、世界地図上で言えば針の先ほどの小さな範囲にのみ生息する種だというふれこみだった。

　採集圧による野生個体の減少は飼育者側からも懸念されていたが、個体数の減少が理由で2014年頃にワシントン条約附属書I類に記載され、商業目的の輸入はCB・WC共に2024年現在、不可能となってしまった。しかし、それまで輸入された個体を元に日本国内でも繁殖に成功する愛好家が徐々に増え、少数ずつではあるが流通するようになっている。今後も大量流通は見込めないため、運良く入手した人は繁殖まで視野に入れて飼育してほしい。

サビヒルヤモリ

●別名（流通名）：ボルボニカヒルヤモリ　●学名：*Phelsuma borbonica*
●分布：レユニオン島北部から中南部・アガレガ諸島　●全長：13〜15cm前後　●CITES：附属書Ⅱ類

基亜種ボルボニカヒルヤモリ

マーテルヒルヤモリ

アガレガヒルヤモリ

　サビヒルヤモリという和名は定着しておらず、学名由来であるボルボニカヒルヤモリの名で流通する。レユニオン島に生息する基亜種 *P. b. borbonica*（ボルボニカヒルヤモリ）・亜種の *P. b. mater*（マーテルヒルヤモリ）・レユニオン島ではなくモーリシャス属領のアガレガ諸島に生息する *P. b. agalega*（アガレガヒルヤモリ）の3亜種があり、それぞれの亜種名由来の名で呼ばれている。レユニオン島内の2つの亜種分けには未だ諸説あるらしいが、現在では島内の活火山（ピトン・ドゥ・ラ・フルネーズ）で北東部と南西部を分断したもの（南側に *mater* 亜種、北側に *borbonica* 亜種）が各々の分布だというのが納得しやすいのかもしれない。研究者がそのように言っている以外での、たとえば外見に明確な差異が見られることはなく、容姿での確実な判別をすることは困難。導入した時に産地名や亜種名が付いている場合は分けて飼育するなり、ラベリングをするなりしておく。

　どの亜種も強健で、本グループにカテゴライズしたものの多少の乾燥にも強く、ヒルヤモリの基本的な飼育方法をしていれば問題ない。流通は少数ずつではあるが、EU 圏の CB 個体や国内 CB 個体がある程度定期的に出回っているため、入手の機会は少なくない。強いて言えば、アガレガ亜種はやや少ない。

ケペディアナヒルヤモリ

Chapter 5
飼育タイプ別
世界のヤモリ図鑑
【樹上棲・湿潤タイプ】

- 別名（流通名）：──　●学名：*Phelsuma cepediana*
- 分布：モーリシャス（ほぼ全域）　●全長：12～14cm 前後　●CITES：附属書II類

　美麗種の多いヒルヤモリの仲間においても「特に美しい」「属中最美種」とされることが多い。グリーンの地色に赤色のストライプや斑点こそヒルヤモリにありがちな配色だが、頭部と腰付近から尾にかけて乗る鮮やかなエメラルドブルーもしくはスカイブルーが特徴的である。成熟したオスが見せる紫外線光下での色は筆舌に尽くし難く、生息地で見る以外は飼育者のみが楽しむことができる芸術品と言えよう。

　強健な種類が多いヒルヤモリではやや繊細で、性格も臆病。生息域でも、ヤシの木などのかなり高い位置を主な活動拠点にしているようだ。よって、植物や木の枝などを多めに使用したレイアウトケージで飼育する。脱水と過度な乾燥に弱いため、ヒルヤモリを飼育するというよりはマルメヤモリの仲間を飼育するような感覚が近いのかもしれない。繁殖もやや難しいせいか同属他種同様にEU圏からのCB個体が出回るがそう多くない。国内CB個体の例もあるもののやはり定期的に流通するほどではなく、入手のチャンスはやや少ない。

キタオオヒルヤモリ

- 別名（流通名）：グランディスヒルヤモリ　●学名：*Phelsuma grandis*
- 分布：マダガスカル中部以北（※レユニオン・モーリシャス・北米大陸の一部に帰化）
- 全長：23〜27cm前後　●CITES：附属書Ⅱ類

Chapter 5
飼育タイプ別
世界のヤモリ図鑑
【樹上棲・湿潤タイプ】

　主に学名由来のグランディスヒルヤモリの名で流通する、古くから飼育下において親しまれているヒルヤモリの代表種。以前はヒガシオオヒルヤモリの亜種とされていた時期もあったが、2000年代後半に各亜種がそれぞれ独立種となった。本種はヒガシオオヒルヤモリと同様のカラーパターンを持つが、本種のほうが大型化し、背中の赤い斑点1つ1つが大きく、入り方も異なる。個体差はあるものの、慣れれば見分けは容易。背中の赤い斑点の多い個体を選別交配し、赤い斑点がより多くなった「フレイム」もしくは「クリムゾン」と呼ばれるモルフも出回るようになった。ただし、これらには基準があるわけではないため、"言った者勝ち"のような感も否めない。

　強健な種で多少の乾燥や低温にも強く、幼体時のみ過度な乾燥に注意すればヒルヤモリの基本的な飼育方法で問題ない。餌の選り好みも少なく、餌付きの良い個体がほとんどで、果実食性用の人工飼料や昆虫など幅広くよく食べてくれる。ただし、性格はややきつく、オス同士の闘争（縄張り争い）は激しいため、ペアもしくは単独・メス同士での飼育

が基本となる。これは他の多くのヒルヤモリにも当てはまる。以前はマダガスカルからのWC個体の流通が中心であったが、近年はEU圏各国や国内のCB個体が流通の中心となっている。2015年前後からはタイからのCB個体の輸入が増えているが、原虫を持っている可能性が高いとされ、敬遠する愛好家も多いのも事実である。

ハイパーレッドやフレイムなどと呼ばれるモルフ

キガシラヒルヤモリ

Chapter 5
飼育タイプ別
世界のヤモリ図鑑
【樹上棲・湿潤タイプ】

- 別名（流通名）：クレンメリーヒルヤモリ　●学名：*Phelsuma klemmeri*
- 分布：マダガスカル北西部　●全長：7～9cm 前後　●CITES：附属書Ⅱ類

　主に学名由来のクレンメリーヒルヤモリの名で流通する。キガシラヒルヤモリという和名は、種類的にも見ため的にもキガシラマルメヤモリと混同してしまう場合も多く、筆者としてはクレンメリーヒルヤモリの名を推奨したい。英名にネオンデイゲッコーの名を持つように、他のヒルヤモリとは異なった発色を見せる。配色こそ黄色と青色・黒色というシンプルなものだが、他種と比べると蛍光色というべきか、ぴかぴかした独特の発色で、これは幼体期から変わることがない。活動時間帯に見られる背中から尾にかけての青（スカイブルー）の発色はみごとで、飼育者を魅了してやまない。性格も特殊で、気性が激しく、多頭飼育が困難な種類が多い

ヒルヤモリの仲間において、本種は小競り合いこそあるものの、隠れる場所が多ければ多頭飼育は十分に可能である（無傷で済ませたい場合は推奨しない）。動きもヒルヤモリの中では遅めで、捕獲も難しくない。
　飼育は、過度な乾燥に注意すれば基本的なヒルヤモリの飼育環境で良い。注意点としては、本種は体型が扁平で頭が特に平たいため、ちょっとしたスリットなどから容易に逃げてしまう。前のガラスがスライド式の場合は、ガラスが重なり合う部分からも抜け出す場合が多い。通気性は確保しつつ、不安な隙間があるケージは使わないか、完全に塞いでから個体を入れるようにすると良い。

ヒロオヒルヤモリ

- 別名（流通名）：ヒロオヒルヤモリ　●学名：*Phelsuma laticauda*
- 分布：マダガスカル北部から東部・コモロ諸島（※レユニオン・モーリシャス・ハワイなどに帰化）
- 全長：10〜13cm前後　●CITES：附属書Ⅱ類

Chapter 5
飼育タイプ別
世界のヤモリ図鑑
【樹上棲・湿潤タイプ】

英名はゴールドダストデイゲッコー。名のとおり、成熟した個体は雌雄問わず、首元や腰から尾にかけて金粉をまぶしたような独特の美しい発色を見せてくれる。2亜種が知られ、主に基亜種の *P. l. laticauda* が流通する。亜種 *P. l. angularis* は体全体の青みが強く、頭部も黄色が強く発色する個体が多い。また、腰付近に出る赤い斑点が、基亜種では独立した斑点になるのに対し、亜種は繋がって山型のように見える個体がほとんど。

基亜種はマダガスカルから WC 個体が古くから輸入されており、美しさと丈夫さ・適度なサイズ感も相まって人気が高い。輸入直後の個体はやや乾燥に弱いものの、安定した個体は丈夫であり、ヒルヤモリの基本的な飼育環境であれば問題ない。流通は今でも WC 個体が主流であるが、近年はタイから CB 個体が定期的に輸入されている。ハワイやグアムなどにも帰化個体が見られ、屋外で食べる朝食のフルーツなどに寄ってくる光景を目にしたことがある人も少なくないだろう。

ヘリスジヒルヤモリ

- 別名（流通名）：——　●学名：*Phelsuma lineata*
- 分布：マダガスカル東側（北部から南部まで広く分布）
- 全長：10〜14cm前後　●CITES：附属書Ⅱ類

Chapter 5
飼育タイプ別
世界のヤモリ図鑑
【樹上棲・湿潤タイプ】

脇腹に入る黒いラインと背中の赤い斑紋が特徴。以前から WC 個体が輸入されるたびに、赤の面積の大小や入り方が異なる個体群が見られた。それらは別亜種の可能性が高く、現在は *P. l. lineata*（基亜種ヘリスジヒルヤモリ）・*P. l. bombetokensis*（ボンベトクヘリスジヒルヤモリ）・*P. l. elanthana*（ウスイロヘリスジヒルヤモリ）3亜種に分けられている。*P. l. bombetokensis* に関しては最もわかりやすいとされ、赤い斑点が大きく数も多い。生息地も西側に寄っていて、しっかりとした亜種関係だとわかる。一方、基亜種と *P. l. elanthana* は生息地が重複するうえ色柄も酷似しているため見分けは難しい。強いて言えば後者は背中の大きめな赤い斑紋が崩れ、背中全体に細かい斑点が散りばめられるような色柄となる。

いずれの亜種も丈夫で、輸入直後の個体はやや多湿気味で管理すると良いが、1度安定した個体は丈夫であり、ヒルヤモリの基本的な飼育環境であれば問題ない。流通は今でも WC 個体が主流であるが、稀に EU 圏から亜種分けされた状態で流通することもある。

ヒガシオオヒルヤモリ

- 別名（流通名）：マダガスカルヒルヤモリ ●学名：*Phelsuma madagascariensis*
- 分布：マダガスカル東側（北から南まで広く分布） ●全長：22〜25cm前後 ●CITES：附属書Ⅱ類

古くからWC個体の輸入が見られる大型種。ひと昔前までは先述のキタオオヒルヤモリのほか、コーチヒルヤモリが本種の亜種とされていたが、現在はそれぞれ独立種となった。ベーメヒルヤモリ（*P. m. boehmei*）が亜種関係にあるとされているが、現在も諸説あるため、今回は割愛した。キタオオヒルヤモリに似ているが、本種はアイライン状の赤い斑紋が目の後ろまで伸びていることが特徴。背中の赤い斑点はキタオオヒルヤモリのほうが大きく濃く、本種は斑点の1つ1つが細かく、背中の中心（背中線）に沿って1本規則的に並ぶ個体が多いため、慣れれば見分けは十分可能。

飼育や習性などはキタオオヒルヤモリに準ずる。流通はキタオオヒルヤモリのようなCB個体はほぼ見られず、WC個体が中心となるが、2024年現在は毎年ある程度安定した流通が見られる。WC個体の場合は正しい種類の判別（選別）は期待できないため、購入者各自の目も重要となるだろう。

パーカーヒルヤモリ

- 別名（流通名）：パーケリーヒルヤモリ ●学名：*Phelsuma parkeri*
- 分布：タンザニア（ペンバ島） ●全長：12〜15cm前後 ●CITES：附属書Ⅱ類

全身がグリーン1色に染まり、差し色もいっさい入らないという、ヒルヤモリの中では特異な体色を持つ種。タンザニアの沖にあるペンバ島にのみ生息する。

過去においても流通量は少ない。2014年にタンザニアからの生き物の輸出が停止してしまったため、それ以降は目にする機会は皆無となった。EU圏などからCB個体の流通もほぼなく、2024年現在では入手は非常に困難だと言える。

パスツールヒルヤモリ

- ●別名（流通名）：――　●学名：*Phelsuma pasteuri*
- ●分布：コモロ諸島（マヨット島）　●全長：9〜11cm前後　●CITES：附属書Ⅱ類

マヨット島固有の小型ヒルヤモリ。配色はギンボーヒルヤモリに似ており、ライトグリーンの地色で背中に赤い小さめの斑点が入る。成熟した個体の首元や尾には明るいブルーが乗ることがある。体型は本種のほうが細身で、吻先も長め。最大全長は本種のほうが小さい。

小型種だが丈夫で、幼体は脱水に注意が必要だが、それ以外の場合はヒルヤモリの基本的な飼育方法に準ずる。流通はやや不定期だが、EU圏からのCB個体と共に国内CB個体も少量ながら流通するため、目にする機会は十分にある。

プロンクヒルヤモリ

- ●別名（流通名）：――　●学名：*Phelsuma pronki*
- ●分布：マダガスカル中東部　●全長：10〜12cm前後　●CITES：附属書Ⅱ類

バーバーヒルヤモリとクレンメリーヒルヤモリを足して2で割ったような見ためのマダガスカル産のヒルヤモリ。原色で派手な種が多いこの仲間では色彩だけ見ると特異な存在とも言えるだろう。マダガスカル中央の東寄りのやや降雨の多い地域に生息していることが知られているが、生息域の広さはまだ未知な部分も多い。他のヒルヤモリに比べて生息域が非常に狭いことは間違いないようである。

以前（15年以上前）はマダガスカルからWC個体の流通が少数ながらあったが、現在、WCの流通は見られず、EU圏からの繁殖個体も流通がない。理由として、本種を含むいくつかが、過去のEU諸国への流通経緯が不透明であり、CB個体を作出しても各国政府が輸出許可を出してくれないという事情がある。そこがクリアされれば流通量は多少増えるかもしれないが、2024年現在では流通がほぼ皆無で、見る機会はほぼないだろう。

ヨツメヒルヤモリ

Chapter 5
飼育タイプ別
世界のヤモリ図鑑
【樹上棲・湿潤タイプ】

- 別名（流通名）：――　●学名：*Phelsuma quadriocellata*
- 分布：マダガスカル東側（北部から南部まで広く分布）　●全長：10～12cm 前後　●CITES：附属書Ⅱ類

先述のヒロオヒルヤモリやヘリスジヒルヤモリなどと並んで、古くから多くの輸入が見られているマダガスカル産の小型ヒルヤモリの1種。現在は *P. q. quadriocellata*（基亜種ヨツメヒルヤモリ）・*P. q. bimaculata*（フタツメヨツメヒルヤモリ）・*P. q. lepida*（アンダバヨツメヒルヤモリ）の3亜種に分けられている。名のとおり、目玉のような黒い大きな斑紋が四肢の付け根に1つずつ、合計4つ見られるが、これは基亜種にのみ見られる特徴である。*P. q. bimaculata* は四肢の黒い斑紋が前肢付け根の2カ所にしか見られない。*P. q. lepida* も前肢のみだが、斑紋が細長く背中のほうまで伸びる。なお、*P. q. lepida* は生息範囲がマダガスカル北東部の狭い地域（アントンジル湾周辺）にのみに限定されている。

飼育に関しては基本的なヒルヤモリの飼育に準じるが、他のマダガスカルの定番種に比べると若干警戒心が強く、飼育環境に慣れるまで時間がかかる場合がある。乾燥や脱水に弱く、輸入時の着状態が悪い場合も多いので、購入時はしばらくストックされている個体を選ぶと良いかもしれない。WC 個体中心に安定した流通が見られるが、ヒロオヒルヤモリやヘリスジヒルヤモリに比べると少ない。稀に EU 圏から亜種分けされた状態で流通することもある。

メルテンスヒルヤモリ

Chapter 5
飼育タイプ別
世界のヤモリ図鑑
【樹上棲・湿潤タイプ】

- 別名（流通名）：――　●学名：*Phelsuma robertmertensi*
- 分布：コモロ諸島（マヨット島）　●全長：9～11cm 前後　●CITES：附属書Ⅱ類

成熟したオスに見られる上品な淡いエメラルドブルーの発色が特徴。未成熟個体やメスは黄緑色ベースのおとなしめの発色である。パスツールヒルヤモリと同様にマヨット島固有の小型種。

見ための繊細さとは裏腹に丈夫で特筆した飼育の難しさはない。敏捷かつ小型で身軽ということもあり、逃したらその場で追いかけて捕まえることは困難。小さい隙間からも逃げる可能性があるので、導入時はそのあたりのチェックも入念に行う。流通はやや不定期だが、EU 圏からの CB 個体と共に国内 CB 個体も少数ずつ流通しているため、目にする機会は十分にあるだろう。

ノコヘリヒルヤモリ

Chapter 5
飼育タイプ別
世界のヤモリ図鑑
【樹上棲・湿潤タイプ】

- 別名（流通名）：――　●学名：*Phelsuma serraticauda*
- 分布：マダガスカル北東部　●全長：12〜15cm前後　●CITES：附属書Ⅱ類

まるで継ぎ足したかのように不自然なまでに平たく太く、そしてノコギリの刃の如く波打つ縁を持つ尾が最大の特徴。カラーパターンはヒロオヒルヤモリに似るが、成熟した本種は尾を中心に青みが強く発色する。前肢の付け根にはオレンジがかった縦方向の帯も見られる。

飼育に関してはケペディアナヒルヤモリと同様だが、やや繊細なため、植物や木の枝などを多めに使用したレイアウトケージで飼育する。同種間での闘争が激しいことでも有名で、オス同士はもちろん、ペアであっても相性が合わない場合は高い確率でメスが早々に殺されてしまう。個別飼育できる準備をしておくと同時に、小ぶりのメス（メスはオスほど大型にならない）のみが入れるような隙間をケージ内に作ることも必要と言えるだろう。流通は非常に少なく、以前はマダガスカルから少量ずつながらWC個体の流通が見られたが、おそらくヒロオヒルヤモリとして間違えて輸入されていたものと思われる。近年はそのあたりの判別も厳格化し混ざることはなくなったが、本種として輸出許可が下りることはない。頼みの綱とも言えるEU圏のCB個体も、先の理由から繁殖が困難とのことで、CB個体の流通も稀。今後もまとまった流通は見込めないだろう。

若い個体

エメラルドキメハダヤモリ

Chapter 5
飼育タイプ別
世界のヤモリ図鑑
【樹上棲・湿潤タイプ】

- 別名（流通名）：ポリロフェルスゲッコー　●学名：*Pseudogekko smaragdinus*
- 分布：フィリピン（ポリロ島・ルソン島など）　●全長：11〜13cm前後　●CITES：非該当

フィリピンの切手のデザインにもなっていることで有名な、同国を代表する固有種。野生生物保護に力を入れているフィリピンの固有種で、切手になるほど国のシンボル的生物ということで、ペットとしての流通は半ば諦められていたが、2019年前後にEU圏からのCB個体が初めて流通し、大きな話題となった。全身がレモンイエローに染まり、頭部付近を中心に散りばめられる黒点と尾の先だけに入るオレンジ色のインパクトが強烈。独特の皮膚感と線の細さ、どれを取っても他のヤモリには見られない、特徴だらけの種である。

飼育に関しては、活動時間は異なるもののやや湿度を好むヒルヤモリの仲間の飼育方法に準ずる。強いて言えば低温には弱いため、22〜23℃を最下限として保温を行う。常に痩せているように見える体型だが、これが標準であり、過度に太ることはない。小さな昆虫類も食べるが果汁や花の蜜なども好むため、果実食性用人工飼料を使うのがベターである。数年前まで幻のヤモリであったが、近年はEU圏での繁殖が進み流通量が少しずつ増えてきた。とはいえ、安定した流通とは言えず、いつでも入手できるほどではない。

エベノーヘラオヤモリ

Chapter 5 飼育タイプ別 世界のヤモリ図鑑【樹上棲・湿潤タイプ】

- 別名（流通名）：——　●学名：*Uroplatus ebenaui*
- 分布：マダガスカル北部　●全長：7～9cm前後　●CITES：附属書Ⅱ類

　ヘラオヤモリ属（*Uroplatus*）で最も小型の種。樹皮や地衣類に擬態している種が多いこの仲間において、本種とエダハヘラオヤモリなどは落ち葉に擬態し、色合いはもちろん、模様などの再現度はみごとなほどである。エダハヘラオヤモリに似るものの、本種は尾が短く1～1.5cm程度にしかならない。古くからマダガスカルよりWC個体が輸入されているが、近年、分類が進むと共に疑義が発生した。結論を言えば、過去に本種として流通していた個体のほとんどは、同属別種のフィエラヘラオヤモリ（*U. fiera*）であることが判明。両者は酷似するが、本種は頭頂部付近に目と目を繋ぐ形で線状の突起が見られる。目の上の睫毛状に出る角の数も異なり、基本的に本種は1本なのに対してフィエラは2本だとされる。決定的な違いは口腔（喉）の色で、本種では黒色であるのに対しフィエラはピンク色をしているため、口を開けば一目瞭然である。

　飼育に関しては両者で差はない。いずれも容易と言えず、特に温度は高温（28℃前後）が続かないようにする。30℃以上の気温は死に繋がる可能性が高いので、夏場の冷却は必須条件となるだろう。これはヘラオヤモリ全般に共通。ただし、エダハヘラオヤモリよりは若干高温への耐性があり、過剰に冷やした環境だと活性が上がりきらない可能性もあるので注意。主にマダガスカルからWC個体がわずかながら安定して流通している。ただし、本種とフィエラがきっちり分けられて輸入されることは少ないため、特に繁殖まで視野に入れて飼育する場合は混同しないようにしよう。

エベノーヘラオヤモリ

フィエラヘラオヤモリ

フィエラヘラオヤモリ

テイオウヘラオヤモリ

Chapter 5
飼育タイプ別
世界のヤモリ図鑑
【樹上棲・湿潤タイプ】

- 別名（流通名）：――　●学名：*Uroplatus giganteus*
- 分布：マダガスカル北部　●全長：27～30cm 前後　●CITES：附属書Ⅱ類

国内で繁殖された幼体

　種小名の *giganteus* が示すように、ヘラオヤモリ属中最大の種類。ヤモリ全体を見ても大型で、同じ大型種であるツギオミカドヤモリやトッケイヤモリにはない幅広く長い尾がみごとである。昔はフリンジヘラオヤモリの名で流通した中に本種が含まれており、フリンジヘラオヤモリの大型個体群のような扱いであったが、2006年に分類が変わり、その後はしっかりと分けられた形で輸入されるようになった。背中の模様の違いなども見られるが、決定的な違いは虹彩の色。本種は日中の非活動時間帯はクリーム色で、夜間の活動時にはそこに赤く細い縞模様が表れる。一方、フリンジヘラオヤモリは黄色みが強く出て、夜間は赤く細い縞模様が表れるため、外見での見分けは可能。

　ヘラオヤモリの中でも丈夫であり、特に亜成体以上の個体は多少の高温や乾燥には耐性がある。逆に、不安だからと過度な低温飼育を続けたり、過剰な湿度の中で常に飼育すると調子を崩すことも多いため、通気性の良い大型のケージを用意し、さまざまな温度帯の場所を作るようにしたい。基本的にマダガスカルからWC個体が流通するが、フリンジヘラオヤモリに比べ生息域が狭いせいか輸入は不定期で、何年も流通がないこともある。稀にEU圏のCB個体も流通するが、高価な場合が多い。

フリンジヘラオヤモリ

Chapter 5
飼育タイプ別
世界のヤモリ図鑑
【樹上棲・湿潤タイプ】

- 別名（流通名）：マダガスカルヘラオヤモリ ● 学名：*Uroplatus fimbriatus*
- 分布：マダガスカル東側（北部から南東部まで） ● 全長：25〜28cm 前後 ● CITES：附属書Ⅱ類

　以前はマダガスカルヘラオヤモリの名で流通することも多かった、本属の代表種。テイオウヘラオヤモリに次ぐ大きさとなり、髭のように見える襞（ひだ）を持つ見ためと相まって、特に成体は迫力がある。最も広い分布域を持ち、マダガスカル東側の熱帯雨林ほぼ全域や離島にも生息し、若干の地域差が見られる場合も多い。地域があまりに離れている場所の個体同士は遺伝的に異なるため、ペアリングが困難という説もある。個体差もあるが、夜間など活動時に見られる虎柄（背面の細かいバンド模様）は見応えがある。ヤマビタイヘラオヤモリ同様に、地衣類を模したような茶褐色とミントグリーンの模様を持つ個体も多く趣きがある。
　飼育は高温と乾燥を避けて飼育し、「蒸れ」は厳禁。通気性の良い大きめのケージを用意してこまめに霧吹きをする。WC個体の流通が主流のため、ケージのサイズが小さいとなかなか餌付かない場合も多い。特に高さを確保できるケージを用意して、過度な接触を控えて落ち着かせることを優先したい。主にマダガスカルからWC個体が比較的安定して流通している。ただし、輸入時の着状態にむらがあり、脱水になっていたり極度に痩せた個体は回復させることが難しい。自信のない人はしばらく店頭に残った個体を購入すると良いだろう。

Chapter 5
飼育タイプ別
世界のヤモリ図鑑
【樹上棲・湿潤タイプ】

スベヒタイヘラオヤモリ

- 別名（流通名）：ヘンケリーヘラオヤモリ　●学名：*Uroplatus henkeli*
- 分布：マダガスカル北部から北西部（生息地が点在）　●全長：25〜28cm 前後　●CITES：附属書Ⅱ類

　昔は WC 個体が日本にも頻繁に輸入され、フリンジヘラオヤモリやヤマビタイヘラオヤモリと並んでヘラオヤモリの代表種的存在だった。近年はマダガスカル政府の輸出割当が激減し、2024年現在は WC の流通は皆無となってしまった（ここ数年 WC 個体の輸入はない）。点在するように分布地が散っているためか、地域による個体差が大きく、豹柄のような斑点状の模様の個体や白色と褐色のバンド（パイボールドのような模様）の個体、ストライプ状の模様の個体などさまざま。

　飼育は他のヘラオヤモリに準じる。近年は WC 個体の流通がなくなった代わりに、EU 圏からの CB 個体の流通が見られるようになった。WC 個体と比べると丈夫で、多少の高温や乾燥に耐性があるため、より飼育しやすいと言えるだろう。

若い個体

スジヘラオヤモリ

Chapter 5
飼育タイプ別
世界のヤモリ図鑑
【樹上棲・湿潤タイプ】

●別名（流通名）：──　●学名：*Uroplatus lineatus*
●分布：マダガスカル北東部　●全長：24〜27cm前後　●CITES：附属書II類

　ヘラオヤモリの中でも特に異彩を放つ色柄を持つ細身の大型種。黄色からベージュの地に茶褐色のストライプが多数入る容姿は、一部が竹林に生息していることから、枯れた竹の葉に擬態しているとされている。だが、竹以外の枯れ葉に紛れてもわかりにくいだろう。

　他種に比べて体も尾も細く華奢な体型だが、ヘラオヤモリの中では比較的丈夫な種で、特に高温への耐性は高く、日中が30℃近くになっても問題ない（夜間は下げる必要がある）。逆に、常に冷えた環境だと活性が上がりきらない可能性があるので注意。マダガスカルからのWC個体が比較的安定して流通している。他種同様、生存率は輸入時の着状態に左右されるため、自信のない人はしばらくキープされた個体を購入すると良いだろう。

エダハヘラオヤモリ

Chapter 5
飼育タイプ別
世界のヤモリ図鑑
【樹上棲・湿潤タイプ】

- 別名（流通名）：――　● 学名：*Uroplatus phantasticus*
- 分布：マダガスカル東部　● 全長：9～11cm前後　● CITES：附属書Ⅱ類

カビのような模様が入る個体

枯れ葉そっくりな個体

　本種の尾を初めて見た人は誰もが感動するであろう。まさに自然界が作り出した神秘、そして芸術作である。オス個体の完全尾に限定されるが、虫食いの痕まで再現されている擬態の精度の高さはヤモリの仲間においては間違いなくナンバーワンだろう。ただし、メスに虫食い痕は見られない。エベノーヘラオヤモリやフィエラヘラオヤモリに似るが、体に枯れ葉をそのまま付けたような尾を持ち、再生尾でもほぼ同様の尾が生えてくる。

　本種のファンは昔から後を絶たないが、飼育困難種で、限られた条件を用意できる人のみが長期飼育可能と言える。まず暑さに対する耐性がなく、28℃程度が少し続くとすぐに調子を崩す。理想的な気温は夜間17～20℃・日中23～25℃前後で、多少上下しても問題はないが、特に上限を守れないならばこの種の飼育は諦めたほうが良い。乾燥にも弱いうえ、温度が高い状況の多湿（蒸れ）にはさらに弱い。まとめると「低温で空中湿度が高め、そして通気性抜群の環境」という難儀な飼育条件を求められる。霧吹きも活動時間帯に行う必要があり、脱水に弱い本種が確実に水を飲むためのものである。毎日定期的に（できれば少量ずつ複数回で）確実に霧吹きを行わなければならず、時間のない人は自動のミスティングシステムなどを利用する必要がある。個体への干渉は最小限に留めなければならない。2024年現在、WC個体が少数ずつながら流通しているが、上記の条件がある程度整えられると判断した人のみ、本種を飼育する権利が与えられると言っても過言ではないだろう。間違っても格好良いから、変わっているからというだけの理由で安易に手を出してはいけないヤモリである。

トゲヘラオヤモリ

Chapter 5
飼育タイプ別
世界のヤモリ図鑑
【樹上棲・湿潤タイプ】

- 別名（流通名）：スパイニーヘラオヤモリ　● 学名：*Uroplatus pietschmanni*
- 分布：マダガスカル東部の局所　● 全長：14〜17cm 前後　● CITES：附属書Ⅱ類

2004年に新種記載された比較的新しい中型種。地衣類ではなく完全に樹皮への擬態に特化したであろう見ためはインパクトが大きい。動きも変わっており、危険を感じた時に逃げる速度は他のヘラオヤモリには見られないスピードである。

小ぶりながら比較的丈夫で乾燥にもやや強いが強健というわけではないため、ヘラオヤモリ飼育の基本（低めの温度と空中湿度の保持）を守る。ヘラオヤモリ属の中でも特に局所分布で個体数が少ないとされているためか、WC 個体の輸出割当は2024年現在はゼロでWC 個体の流通は見られない。ただし、生息地に関しては未知な部分も多いようで、今後、別の生息地が見つかる可能性もある。現在は EU 圏から CB 個体がごく少数のみ流通している。

ヤマビタイヘラオヤモリ

Chapter 5
飼育タイプ別
世界のヤモリ図鑑
【樹上棲・湿潤タイプ】

- 別名（流通名）：シコラエヘラオヤモリ　●学名：*Uroplatus sikorae*
- 分布：マダガスカル東側（北部から南部まで広く分布）　●全長：18〜22cm前後　●CITES：附属書II類

　古くから流通が見られ、学名由来のシコラエと呼ぶ昔からの愛好家も多い。同様の体型を持つフリンジヘラオヤモリやスベヒタイヘラオヤモリと比べ1〜2回りほど小ぶりな中型種。地衣類に擬態していると考えられる見ための完成度は高く、地衣類の付いたコルクや樹皮を入れたレイアウトで飼育すると、飼育者ですら一瞬いなくなったと思ってしまうほど。色彩以外にも体や四肢の周縁にある襞（ひだ）が役立っており、完全に広げた状態で止まっていると、輪郭がぼやけてさらにわかりにくくなり、見失うことも多い。

　昔から丈夫なヘラオヤモリの1つとして紹介されがちだが、特筆して本種が丈夫かと言われればそうでもない。他種同様にWC個体の流通が大多数で輸入状態に左右されるため、ヘラオヤモリ飼育の基本（低めの温度と空中湿度の保持）をベースとして飼育に臨みたい。昔は本種として1種で流通していたが、その中に別種であるサメイヘラオヤモリが含まれることが判明した。当時は本種の亜種扱いであったサメイヘラオヤモリだが、分類が進んだ現在は別種として分けられて輸入されている。明確な違いは口腔（喉）の色であり、本種は黒色であるのに対しサメイヘラオヤモリはピンク色をしているため、口を開けば一目瞭然である。

PERFECT PET OWNER'S GUIDES

Chapter 5

Picture book of Geckos

飼育タイプ別 世界のヤモリ図鑑 【半樹上棲・乾燥タイプ】

カーポベルデナキヤモリ

Chapter 5
飼育タイプ別
世界のヤモリ図鑑
【半樹上棲・乾燥タイプ】

- 別名（流通名）：――　● 学名：*Hemidactylus bouvieri*
- 分布：カーボベルデ共和国　● 全長：6〜7cm 前後　● CITES：非該当

　名のとおり、アフリカ大陸北西部の沖に浮かぶ島国、カーボベルデ共和国のいくつかの島にのみ生息する小型種。ナキヤモリの仲間の多くは樹上棲種が多いが、本種は草原などの地表面が主な生活圏で、活動時間の夜になると棲み家である倒木や石の下から出てきてそれらの上に登ったりすることもある。*H. b. bouvieri*（基亜種カーボベルデナキヤモリ）・*H. b. razoensis*（ラソナキヤモリ）の2亜種が知られている。*H. b. boavistensis* も亜種として記載されていたが、近年、独立種となり、そちらも2亜種が記載されている。他のナキヤモリの仲間にはあまり見られない尖った顔と寸詰まりの体型が特徴で、顔のわりに大きめの目が相まって愛らしい。茶褐色の地色に白い帯状の模様や斑紋が入る個体が多いが、個体差も大きくどれが基本型とは言えない。

　乾燥した環境を好むため、過度な霧吹きによる蒸れに注意するが、それ以外は基本的に地上棲の乾燥を好む種類の飼育に準じる。口が細く小さいため、全長に比べてやや小さめの餌を与えると良い。クル病になりやすい傾向にあるため、しっかりとカルシウム添加を行い、可能ならば紫外線ライトを使用する。流通量は多くないが、不定期ながらEU圏からCB個体の流通が見られ、目にする機会はある。

ホシクズフトユビヤモリ

Chapter 5
飼育タイプ別
世界のヤモリ図鑑
【半樹上棲・乾燥タイプ】

●別名（流通名）：アトルクアータスフトユビヤモリ　●学名：*Pachydactylus atorquatus*
●分布：南アフリカ共和国西部　●全長：8〜9cm前後　●CITES：非該当

　一見すると無地で地味なフトユビヤモリだが、それが幸いしてというわけではないが、皮膚の粒状突起が際立って見える。体色は透明感のある薄い飴色で、夜間の活動時間帯では紫がかった妖艶な色合いとなる。吻先から目の後ろにかけてアイラインが入り、良いアクセントとなっている。

　飼育は他の小型フトユビヤモリに準ずるが、いかんせん流通数が少なくデータがないため、各飼育者の手探りな部分も多いことは否めない。フトユビヤモリが多く生息する南アフリカ共和国産で、同国は生き物の輸出に厳しく、本種を含め大多数の種類はWC個体の輸出はほぼ皆無。EU圏からごく稀にCB個体が流通するが限られており、目にする機会はほとんどない。

オビフトユビヤモリ

Chapter 5
飼育タイプ別
世界のヤモリ図鑑
【半樹上棲・乾燥タイプ】

●別名（流通名）：ファシアータフトユビヤモリ　●学名：*Pachydactylus fasciatus*
●分布：ナミビア北西部　●全長：9〜11cm前後　●CITES：非該当

　本属では実はあまりいないバンド模様のフトユビヤモリ。しっかりとした帯模様と言われて思いつくのは本種とスプリングボックフトユビヤモリくらいだろうか。特に幼体期はクリーム色と黒色のはっきりしたバンド模様で、成長するとややピンクがかったベージュの地色にオレンジ色のバンド模様となり、いずれも美しい。

　成体は強健で高温・低温のどちらにも耐性がある。他のフトユビヤモリよりもやや樹上棲傾向が強く、飼育時は立体的なレイアウトをすると良い。流通は少なく、ごく稀にEU圏からCB個体が見られる程度である。

ヤモリ　171

スプリングボックフトユビヤモリ

- 別名（流通名）：ラージスケールフトユビヤモリ・マクロレピスフトユビヤモリ
- 学名：*Pachydactylus macrolepis*
- 分布：南アフリカ共和国南西部　●全長：8～10cm前後　●CITES：非該当

スプリングボックフトユビヤモリ

同属別種のクオーツゲッコー（セキエイフトユビヤモリ）

同属別種のマリコフトユビヤモリ

　主にラージスケールフトユビヤモリ、もしくは学名由来のマクロレピスフトユビヤモリの名で流通する。白い地色に茶色のバンド模様というシンプルな配色だが、淡い色合いのためかどことなく上品な美しさがある。見ためにも習性的にも似た同属別種でクオーツゲッコー（*P. latirostris*：セキエイフトユビヤモリ）やマリコフトユビヤモリ（*P. mariquensis*）が知られている。
　細身で貧弱な外見をしているが、特筆した弱さはない。しかし、先述の2種を含めて通年ずっと高めの温度で変化をつけずに飼育していると、おそらくばててしまうのだろうか、少しずつ食が細くなって死に至る例が多い。生息地の南アフリカ共和国やナミビア（特にそれぞれ沿岸部）には明瞭な季節がある。それに合わせるようなに温度変化を設け、特に休眠期を重視すると良いだろう。EU圏からCB個体が稀に流通するが、数が少ないため、入手の機会は限られている。

ザラハダフトユビヤモリ

Chapter 5
飼育タイプ別
世界のヤモリ図鑑
【半樹上棲・乾燥タイプ】

- 別名（流通名）：ルゴッサフトユビヤモリ　●学名：*Pachydactylus rugosus*
- 分布：南アフリカ共和国西部・ナミビア南西部・アンゴラ南西部・ボツワナ南部
- 全長：8〜10cm前後　●CITES：非該当

　ザラハダフトユビヤモリという和名は定着しておらず、学名由来であるルゴッサフトユビヤモリの名で流通する。細かい粒状突起が並んだ皮膚は、焦茶色とベージュの模様と相まってどこかおしゃれな絨毯のよう。本種は尾が太く、皮膚よりもさらにごつごつした質感があり、体の小ささとは良い意味でミスマッチ感がある。興奮状態になった個体がこの尾を縦に振り上げて威嚇するさまは、怖さというよりはかわいらしさが勝る印象だ。

　飼育はスプリングボックフトユビヤモリに準ずる。餌付きも良く、飼育困難種ではないが、数年単位の長期飼育や数年にわたる累代の例が少ないのも事実である。特に気温や日照に季節感を出しつつ、乾燥を好むからといって霧吹きを怠らないようにして給水をこまめに行うことがポイントとなるだろう。以前はEU圏からCB個体が比較的安定して流通していたが、近年は理由は不明だが数が減ってしまった。WC個体の流通はないため、入手のチャンスはやや限定される。一方で、国内の熱心な愛好家による繁殖例も聞かれる。入手できた人はできるだけ繁殖まで目指してほしい。

トラフフトユビヤモリ

- 別名（流通名）：タイガーゲッコー　● 学名：*Pachydactylus tigrinus*
- 分布：ジンバブエ・モザンビーク西部・南アフリカ共和国北東部・ボツワナ東部
- 全長：7〜9cm前後　● CITES：非該当

　主にタイガーゲッコーの名で古くから流通が多く見られたフトユビヤモリの代表種。2014年に本種の主な輸出国であったモザンビークが動物の輸出をストップして以降、EU圏や国内のCB個体が比較的安定して流通している。本種は他にも分布域を持つが、現状国内に流通している個体群はモザンビーク、もしくはジンバブエ産で、他の産地の個体群の流通はほぼ皆無。黒色に近い暗褐色がベースとなり、そこに黄色みがかった細かい斑点とやや大きい黒い斑点が散りばめられる。南アフリカ共和国の一部の個体群は斑点ではなく黄色いライン状になるとされている。本種は明色時と暗色時の差が大きく、夜間の活動時間には全体的に色が薄くなり黒い斑点が目立つようになる。

　強健で、飼育は他のフトユビヤモリやナキヤモリなどに準ずる。見ためは完全な樹上棲のように見えるが、日中はシェルターの中に潜み、夜になると多少立体活動をする程度なので、地上棲種に近い飼育スタイルで問題ないだろう。

若い個体

PERFECT
PET
OWNER'S
GUIDES

Chapter 5

Picture book of Geckos

飼育タイプ別
世界のヤモリ図鑑
【地上棲・乾燥タイプ】

コムギイシヤモリ

- 別名（流通名）：――　●学名：*Diplodactylus granariensis*
- 分布：オーストラリア（西オーストラリア州西部から南西部）※亜種により異なる
- 全長：10～14cm 前後　●CITES：非該当

基亜種マダラコムギイシヤモリ

レックスコムギイシヤモリ

同属別種のジグザグイシヤモリ

　10cm 未満の小型種が多いイシヤモリ属（*Diplodactylus*）では大型になり、全体的に細長い印象を受ける。2亜種あり、主に日本に流通するのは *D. g. rex*（レックスコムギイシヤモリ）で、基亜種の *D. g. granariensis*（マダラコムギイシヤモリ）の流通は少ない。亜種のレックスコムギイシヤモリは脇腹に模様の少ない個体が多く、全体的につるっとした印象で、背中のストライプがより目立つ。亜種のほうが大型となり、12cm を超える個体も見られる。基亜種はジグザグイシヤモリ（*D. furcosus*）との区別が困難で、一説によると染色体レベルの違いしかないとまでされている。飼育者・販売者共にラベリングなどで個体管理を慎重にしたい。

　飼育は基本的な地上棲の乾燥系グループに準じる。強いて挙げるなら、餌のサイズはやや小ぶりなものが向く。生息地では白蟻などの小さな生き物をついばむように捕食しているとされ、あまりに大きなサイズだと消化できないことも多い。目安としては頭部の3分の2程度の大きさまでに留める。なお、高温が続く環境も良くない。ケージ内が常に30℃程度あるような環境になることは避け、ケージ内もしくは昼夜に温度差をつけるように工夫する。主に EU 圏の CB 個体が流通するが他種に比べても多くはなく、目にする機会も少なめである。

ボウシイシヤモリ

Chapter 5
飼育タイプ別
世界のヤモリ図鑑
【地上棲・乾燥タイプ】

- 別名（流通名）：ガレアタスイシヤモリ ●学名：*Diplodactylus galeatus*
- 分布：オーストラリア（ノーザンテリトリー州南部・南オーストラリア州北部）
- 全長：7〜8cm前後 ●CITES：非該当

　ボウシイシヤモリという和名は浸透しておらず、学名由来のガレアタスイシヤモリと呼ばれることがほとんど。判別が困難なほど似通った種類が多い本属において、特徴的かつわかりやすい色柄で、黒目がちな表情のかわいらしさも手伝って人気が高い。頭部や背中に入るクリーム色の模様や体色は、個体によって濃淡の差があるが、これは親からの形質遺伝だと考えられ、実際、親個体に似ることが多い。

　飼育は特筆して難しい点はなく、コムギイシヤモリなどに準じる。代謝は早めなので、小さめの餌を少量ずつこまめに与えるようにする。人気種のためか、流通は本属の中でも安定しているほうで、EU圏のCB個体が少数ながらも年間通じて見られる。国内でも繁殖例がしばしば聞かれるようになったので、国内CB個体の流通も増えてくるだろう。

モザイクイシヤモリ

- 別名（流通名）：テッセラータイシヤモリ ●学名：*Diplodactylus tessellatus*
- 分布：オーストラリア東側の内陸部のほぼ全土 ●全長：6〜7cm前後 ●CITES：非該当

Chapter 5 飼育タイプ別 世界のヤモリ図鑑【地上棲・乾燥タイプ】

　学名由来のテッセラータイシヤモリの名で主に流通する小型種。ボウシイシヤモリ同様、本属では特徴的な色柄で、大きな柄を持つ種が多いなか、本種は黒色や白色・褐色・薄茶色などの細かい模様が不規則に背中に入る。色合いには個体差があり、広大な分布域を持つ本種の地域差（形質遺伝）であると考えられる。顔つきはややシャープで、同属他種に比べると全体的にや や細身。

　小型種故に飼育の不安があるかもしれないが、広大な分布域が物語っているのか、順応性は高く物怖じしない性格。こまめな給餌を含め、他種に準ずれば問題ないだろう。流通はやや少なめで、EU圏からのCB個体が稀に流通する。

セスジイシヤモリ

- 別名（流通名）：——　● 学名：*Diplodactylus vittatus*
- 分布：オーストラリア（南オーストラリア州南東部・ビクトリア州・ニューサウスウェールズ州・クイーンズランド州中部以東）　● 全長：7～8cm 前後　● CITES：非該当

背の斑紋がドット状の個体

　ボウシイシヤモリと並び知名度が高く、人気も高い本属を代表する種の1つ。なお、本属をややこしくしている理由が、本種に似た種類が多いという点が挙げられる。たとえば、ジグザグイシヤモリ。名のとおり、通常は背中に入るライン状の模様が、本種では真っ直ぐなのに対し、ジグザグイシヤモリでは乱れていたり菱形状の模様が数珠繋ぎになっている。それだけなら問題はないのだが、本種にも乱れていたり菱形状の模様の個体が存在する。一方で、ジグザグイシヤモリにも真っ直ぐのラインの個体が存在する。見分けるポイントとしては、背中のライン状の模様が後頭部で二股に分岐し、その模様の縁取りに黒いラインが入り地色とはっきり分かれ、そして尾が長いという特徴を持つのがジグザグイシヤモリだとされている。しかし、それらも個体差などがあるため確実ではない。その他、本種に似た種類は多く、コムギイシヤモリを含め、判別が微妙なこのグループは「Vittatus Copmlex（*vittatus* の複合体）」と称されることもあるほどだ。こればかりは信頼のおけるブリーダーから入手し、入手後もラベリングなどをしっかりして個体管理を行うしか方法はないだろう。

　飼育に関してはジグザグイシヤモリを含め特筆して難しい点はなく、同属別種に準じる。流通はいずれもやや少なめで、EU 圏からの CB 個体が少数ずつ見られるが、機会は限られるだろう。

ビーズイシヤモリ

Chapter 5
飼育タイプ別
世界のヤモリ図鑑
【地上棲・乾燥タイプ】

- 別名（流通名）：ダマエウムイシヤモリ　●学名：*Lucasium damaeum*
- 分布：オーストラリア（西オーストラリア州南東部・ノーザンテリトリー州南部・南オーストラリア州・クイーンズランド州南西部・ニューサウスウェールズ州西部・ビクトリア州北西部）
- 全長：8〜10cm前後　●CITES：非該当

　ビーズイシヤモリという和名は浸透しておらず、学名由来のダマエウムイシヤモリと呼ばれることがほとんど。一時はイシヤモリ属とされた時期もあったが、現在、いわゆる細身系地上棲イシヤモリたちはルーカスイシヤモリ属（*Lucasium*）に分類されている。イシヤモリの仲間では比較的古くから流通が見られ、透明感のある皮膚と淡い色合い、そして、華奢な体つきからは上品さが醸し出されている。後頭部から尾の付け根にかけて走るクリーム色のラインが特徴だが、縁が波打っていたり、菱形が数珠繋ぎ状になっていたりする個体も見られる。基本的にはどれも途切れることはない。

　飼育はイシヤモリ属に準じるが、本属はさらに代謝がやや高めで痩せやすい傾向にあるため、小さめの餌昆虫をこまめに与える。過度な高温飼育は脱水と過剰な代謝を招くおそれがあるため厳禁。主にEU圏からのCB個体が少数ずつ流通しており、イシヤモリの仲間全体でもやや多い。

スタインダッハナーイシヤモリ

- 別名（流通名）：スタインダックネリーイシヤモリ　●学名：*Lucasium steindachneri*
- 分布：オーストラリア（クイーンズランド州・ニューサウスウェールズ州）
- 全長：7～9cm前後　●CITES：非該当

本種は地上棲のイシヤモリの仲間全体でも特異な皮膚感と色柄を持つ。特に色柄は特徴的で、茶褐色の地にやや灰色がかった白いストライプが背中に入る。ストライプは途切れ途切れになる個体が多い。その両サイド（脇腹）に同色の細いバンド状の模様が入る。どの色を見ても他種にはあまり見られない色合いで興味深い。

飼育はダマエウムイシヤモリに準じ、本種もまた痩せやすいため、こまめな管理を行う。流通は少なめで、EU圏からのCB個体が稀に流通するが、見る機会は他種に比べるとかなり少ない。

オニタマオヤモリ

PERFECT PET OWNER'S GUIDES

Chapter 5
飼育タイプ別
世界のヤモリ図鑑
【地上棲・乾燥タイプ】

- 別名（流通名）：――　●学名：*Nephrurus amyae*
- 分布：オーストラリア（ノーザンテリトリー州南部・西オーストラリア州東部）
- 全長：13〜15cm前後　●CITES：附属書Ⅲ類

　「オニタマ」の愛称で、ナメハダタマオヤモリと共に古くから知られているヤモリ界のスーパースター。体つきや顔つき・皮膚感（粒状突起の大きさ）・大きさなどの圧倒的存在感に反し、おまけ程度に付いた小さな尾が愛らしく、このあたりが人気の所以であろうか。

　飼育に関しては難しい点はなく、乾燥系の地上棲ヤモリの仲間の基本的飼育方法に準ずる。ただし、イシヤモリの仲間同様、過度な高温と低温は厳禁。本種が高温を好むという情報が流れているが、ケージ全体を常時高温にすることは厳禁。どのタマオヤモリにおいても、部分的にしっかりとした高めの温度（32〜35℃前後）の箇所を作り、必ず温度が低め（25〜27℃前後）の「逃げ場」を作る。また、餌のサイズにも注意が必要で、特に本種は頭が大きく大きめの昆虫を食べることができるが、ひと回り小ぶりのものを与えるようにしたい。これも他のタマオヤモリにも共通する注意点である。2022年から本種を含むタマオヤモリ属全種がワシントン条約附属書Ⅲ類に掲載され、流通が減ってしまうかという心配もあったが、2024年現在、EU圏から日本政府が求める輸出許可書（原産地証明書）も発行されており、流通数にあまり変化はなく比較的安定している。主にEU圏のCB個体が流通しており、多くはないが国内CB個体も出回るようになっているので、入手のチャンスは十分ある。

オス

北部個体群として流通した個体

PERFECT PET OWNER'S GUIDES　　　ヤモリ　183

サメハダタマオヤモリ

- 別名（流通名）：アスパータマオヤモリ ●学名：*Nephrurus asper*
- 分布：オーストラリア（クイーンズランド州・ノーザンテリトリー州東部？）
- 全長：12〜14cm前後 ●CITES：附属書Ⅲ類

　日本への輸入がほとんどなく本種の実態が不明瞭だった時代は「黒いオニタマ」「オニタマのブラックタイプ」などと噂されていた種。オニタマオヤモリの地域個体群、もしくは色変個体群かと思われるもしれないが、亜種関係だったことはなく、独立種である。全体的にオニタマオヤモリに比べるとやや滑らかな印象だが、首周りの粒状突起は大きく目立つ。本種のほうがひと回り小ぶりで、分布域も重複する場所はない。焦茶色の単色かと思いきや濃淡には個体差があり、丸焦げの唐揚げのような個体から、白く細いバンドが目立つ個体や全体的に色が薄くベージュがベースのようになっている個体などさまざま。白色が濃く、太いバンド模様が明確に目立って頭部もやや白い「バンデッド」と呼ばれる個体群も存在する。

　飼育はオニタマオヤモリに準じ、本種のほうがやや高温を嫌う。また、より水分を求める傾向にあるため、通気性の良いケージを用い、こまめに霧吹きを行う。神経質で、導入時は特にシェルターなど身を隠せる場所がないと捕食を開始しない場合も多い。捕食時に走り回るように暴れる姿はタマオヤモリの中でも異例。導入時は接触を最低限に留め、落ち着ける環境を整えたい。以前は幻の存在であったがここ数年はEU圏の繁殖個体が少しずつ安定して出回るようになり、見る機会も増えた。とはいえ、まだ他のタマオヤモリよりは少なく、群を抜いて高価であることは否めない。

デリーンタマオヤモリ

- ●別名（流通名）：デレアニタマオヤモリ　●学名：*Nephrurus deleani*
- ●分布：オーストラリア（南オーストラリア州南部）　●全長：11〜13cm前後　●CITES：附属書Ⅲ類

背にストライプが入る個体

　ナメハダタマオヤモリにも見えるが、本種は尾が肥大せず、たくさん餌を与えて脂肪を付けさせたとしても体幅の半分少々程度。体の模様も、ナメハダタマオヤモリでは白い小さな斑点が首元を中心にバンド状に左右に走るのに対し、本種は不規則で個体差も大きい。背中線に沿って白いストライプが入る個体もいるが、これにも個体差が見られる。体色も、赤みが強い個体もいれば黄色みが強いものもいるため、個体によっては別種に見えるかもしれない。

　飼育はナメハダタマオヤモリなど、皮膚の滑らかなタイプのタマオヤモリに準ずる。基本的にやや湿った土中を好み、できれば砂を厚めに敷いて穴を掘らせるようにする。過度な乾燥は好まないので、部分的にしっかり霧吹きをして保湿することも必須。2010年前後から少数ずつ輸入が見られ、近年はEU圏のブリーダーが安定して繁殖させているので、今後も安定した流通が望めるだろう。

スベスベタマオヤモリ

- ●別名（流通名）：──　●学名：*Nephrurus laevissimus*
- ●分布：オーストラリア（西オーストラリア州中部以東・ノーザンテリトリー州南西部・南オーストラリア州中部以西）　●全長：9〜11cm前後　●CITES：附属書Ⅲ類

　頬ずりしたくなるような滑らかさを持つピンク色からオレンジ色の皮膚と、体に似合わない大きな頭部に大きな瞳。人間に好かれるために生まれてきたのかと思ってしまうほど愛らしい容姿をしている。尾が細いタイプであるが、大きな特徴は白い粒状突起が尾以外にはほぼ見られない点と、代わりに黒のライン状の模様が首元やその後ろ・尾の付け根付近に目立つ点であり、区別は容易。

　飼育は基本的にはナメハダタマオヤモリなどに準ずる。タマオヤモリの仲間では小型でやや不安な印象だが、見ために反してアグレッシブで物怖じしない性格の個体が多い。流通は今も昔も少なめで、EU圏からCB個体が稀に流通する程度。入手を希望する場合は、長い待ち時間を要するだろう。

ナメハダタマオヤモリ

Chapter 5
飼育タイプ別
世界のヤモリ図鑑
【地上棲・乾燥タイプ】

- 別名（流通名）：レビスタマオヤモリ ●学名：*Nephrurus levis*
- 分布：オーストラリア（オーストラリア内陸部のほぼ全土・西オーストラリア州西部沿岸・西オーストラリア州北西部）※亜種により異なる ●全長：11〜13cm前後 ●CITES：附属書Ⅲ類

基亜種

　オニタマオヤモリと共にタマオヤモリ界を牽引し続けている、今も昔も人気の高いタマオヤモリの代表種。同様の滑らかな皮膚感を持つ種は近年になって何種も出回っているが、本種は尾の形状が最大の特徴で、人気の要因である。他の滑らかな皮膚感を持つ種はどれも尾が太くならないが、本種は栄養状態が良い時だと尾の幅が胴体とほぼ同等になり厚みも出る。ここに"玉尾家守"の玉がおまけのように付き、全体的なかわいらしさも相まって不動の人気を誇っている。

　基亜種 N. l. levis（ナメハダタマオヤモリ）・N. l. pilbarensis（ピルバラタマオヤモリ）・N. l. occidentalis（オキシデンタリスタマオヤモリ）の3亜種があり、いずれも古くから知られているのだが、正確な識別は困難。唇の鱗の形の違いや喉付近の粒状突起の違い、尾の形の微妙な違いなどを見比べて総合的に判断する以外なく、複数亜種を飼育の際は混同してしまわないようラベリングなどをしっかり行う。販売者側も、亜種名まで表記をする必要がある。もし表記されていない場合は購入時に必ず確認をするようにしたい。

　飼育はオニタマオヤモリなどとはやや異なり、本種を筆頭とする肌の滑らかなタイプのタマオヤモリは土中棲傾向が強く、やや湿度のある環境を好む。過剰に濡らしてしまうことは避けるべきだが、乾燥状態が続くと調子を崩すため、最低限、ケージの一角に湿り気のある場所を作る。できれば砂を厚めに敷き、ヤモリ自身に穴を掘らせるようにすると巣穴状に穴を作って、そこに落ち着くことが多い。このタイプは飼育の感覚を掴む

黄色みの強い個体(基亜種)

ピルバラタマオヤモリ

まで多少戸惑うかもしれないが、導入当初は様子を見ながら慎重に飼育を開始しよう。基亜種のナメハダタマオヤモリを筆頭に、いずれの亜種もEU圏や国内ブリーダーなどからCB個体が安定して出回っている(オキシデンタリスがやや少ない)。近年ではアルビノやパターンレスなどのモルフ(変異個体)も見られるが、なぜかそれらのほとんどは亜種のピルバラタマオヤモリである。

ピルバラタマオヤモリのアルビノ

ピルバラタマオヤモリのパターンレス

ピルバラタマオヤモリのパターンレスアルビノ

オキシデンタリスタマオヤモリ

ホシボシタマオヤモリ

Chapter 5
飼育タイプ別
世界のヤモリ図鑑
【地上棲・乾燥タイプ】

- 別名（流通名）：──　●学名：*Nephrurus stellatus*
- 分布：オーストラリア（南オーストラリア州南部・西オーストラリア州南部）
- 全長：10〜12cm 前後　●CITES：附属書Ⅲ類

　黄色みがかった透明感のある皮膚に黄色の大きな粒状突起が目立つ、近年流通が見られるようになったタマオヤモリ。種小名の *stellatus* は「星のような」という意味合いがあり、まさに夜空に浮かぶ星のような色柄をしている。夜間の活動時間などはさらに淡い色合いとなることもあり、上品で幻想的な雰囲気が漂う。

　飼育に関してはレビスタマオヤモリに準ずるが、や や神経質な個体が多い印象なので、しっかりと穴を掘らせるなどして落ち着ける環境を用意する。飼育例が少なくデータが不十分で、現状はまだ手探り状態の状況である。流通が見られるタマオヤモリの中でも最も流通量は少ないとされ、EU 圏からごく稀に CB 個体が出回るが、年に数匹程度で、全く流通のない年もある。見る機会は非常に少ない。

セスジタマオヤモリ

Chapter 5
飼育タイプ別
世界のヤモリ図鑑
【地上棲・乾燥タイプ】

- 別名（流通名）：──　●学名：*Nephrurus vertebralis*
- 分布：オーストラリア（西オーストラリア州）　●全長：10〜12cm 前後　●CITES：附属書Ⅲ類

　比較的近年になって流通が見られるようになった、尾が細く滑らかな肌を持つタイプのタマオヤモリ。デリーンタマオヤモリに似るが、本種では背中線に沿って首元から尾先まで白いラインが入る。体色も地色の赤みが強く、白い斑点（粒状突起）が目立つ。一方、デリーンタマオヤモリに見られるような黄色みが強く出る個体などは見られない。

　飼育はナメハダタマオヤモリなど肌の滑らかなタイプに準ずる。流通はやや少なめで、EU 圏の CB 個体が少数ずつ見られる程度。

キタオビタマオヤモリ

Chapter 5
飼育タイプ別
世界のヤモリ図鑑
【地上棲・乾燥タイプ】

- 別名（流通名）：オビタマオヤモリ ●学名：*Nephrurus cinctus*
- 分布：オーストラリア（西オーストラリア州北西部） ●全長：11〜13cm 前後 ●CITES：附属書Ⅲ類

ブラックアイ

　ナメハダタマオヤモリとオニタマオヤモリが少しずつ流通していた2000年代中盤、ペットトレード上に彗星の如く現れた。前者2種とは全く異なる容姿で、厳つさとは相反するピンク色に黒のバンド模様という異色の外見に当時のヤモリファンが狂喜したことは記憶に新しい。行動も変わっていて、砂地で飼育していると、カモフラージュのつもりなのだろうか、腹ばいになって四肢を使い、砂を器用に体にかける姿が興味深い。これは本種とミナミオビタマオヤモリのみに見られる行動だ。

　丈夫なタマオヤモリで、同じく乾燥を好むオニタマオヤモリの飼育に準ずるが、環境適応能力は他種に比べてかなり高く、基本的な環境から多少外れていてもすぐに調子を崩してしまうことは少ないだろう。ただし、稀に臆病な個体が見られ、餌昆虫に対して過剰に驚いてしまったり、好みのうるさい個体もいるため、そのような場合はていねいに対処する。流通当初はオニタマオヤモリを超える金額で出回っていたが、他種に比べて丈夫で繁殖も比較的容易ということもあり、数年のうちに一気にメジャー種となった。現在もその位置付けであり、EU圏のCB個体を中心に国内CBもしばしば見られ流通は安定しており、目にする機会は多い。なお、単にオビタマオヤモリとして流通する種類は本種を指す。外見が異なっているのでミナミオビタマオヤモリが混ざることはないが、不安な場合は確認しよう。

ミナミオビタマオヤモリ

- 別名（流通名）：ウィーレリータマオヤモリ　●学名：*Nephrurus wheeleri*
- 分布：オーストラリア（西オーストラリア州南西部）　●全長：10～12cm前後　●CITES：附属書Ⅲ類

以前はキタオビタマオヤモリの基亜種が本種であり、キタオビタマオヤモリが亜種として記載されていたが、近年分類が変わりそれぞれ独立種となった。両者はよく似ているが黒いバンドの本数が異なり、本種では頭部から尾先までに4本のバンドが入るのに対し、キタオビタマオヤモリはそれが5本となるため外見上での見分けは可能。本種のほうがひと回り小型で、色合いもやや赤みが強い個体が多い傾向にあるが、色合いに関しては個体差もあるのであくまでも"傾向がある"というように覚えておこう。

飼育は、キタオビタマオヤモリ同様に丈夫で、容易な部類だが、本種の流通量は少なく、2010年代後半まではほぼ流通が見られなかった。2024年現在、多少増えたものの未だに多いとは言えず、EU圏からCB個体が少量ずつ輸入されるのみとなっている。

ナキツギオヤモリ

- 別名（流通名）：アンダーウッディサウルス・ミリー　●学名：*Underwoodisaurus milii*
- 分布：オーストラリア（西オーストラリア州中部以南・南オーストラリア州中部以南・ニューサウスウェールズ州・クイーンズランド州南東部・ビクトリア州北部）　●全長：13～15cm前後　●CITES：附属書Ⅲ類

主に学名由来のアンダーウッディサウルス・ミリー、もしくは単に「ミリー」の愛称で流通することが多い。大きな瞳といい滑らかな肌といい、見ためはタマオヤモリの仲間によく似ているが、それもそのはず、本種は過去にタマオヤモリ属に分類されていたこともある近縁種である。頻繁に属が変わり、現在では、ナキツギオヤモリ属（*Underwoodisaurus*）に落ち着いている。茶色の地色に黄色の斑点（粒状突起）が目立って美しく、かわらしさもあり古くからファンが多い。

強健なヤモリで、地上棲の乾燥を好むヤモリの飼育方法で良い。低温への耐性は高く、生息地の一部では冬季に雪が降る場所もあるほどである。逆に、タマオヤモリ同様、過剰な高温が続く環境は好まない。流通は安定していて、EU圏のCB個体を中心に近年では国内CBも多く見られ、目にする機会は多い。選別交配によって色の薄い個体を固定化した「ハイポ」なども見られ、こちらも流通量が年々増えている。

カータートゲオヤモリ

Chapter 5
飼育タイプ別
世界のヤモリ図鑑
【地上棲・乾燥タイプ】

●別名（流通名）：—　●学名：*Pristurus carteri*
●分布：サウジアラビア・オマーン・イエメン・アラブ首長国連邦　●全長：8～10cm前後　●CITES：非該当

　鳥のような顔を持つヤモリ界の異端児。スコーピオンゲッコーの英名を持ち、尾を振り上げる行動（威嚇時や互いのコミュニケーション時）が見られる。基亜種のカータートゲオヤモリ（*P. c. carteri*）とツベルキュラータスカータートゲオヤモリ（*P. c. tuberculatus*）の2亜種が記載されている。グレーがかった白色の地色に赤色や灰褐色の模様がストライプ状に入るが、亜種間で若干の差（傾向）が見られ、基亜種はどちらかというと地色にグレーが強く出る傾向にあり、亜種では白みが強く模様が目立つ傾向が高い。顔付きにも差異があり、基亜種は"嘴（くちばし）"の部分が大きくて長く、亜種は小さく短いため、ファンの中には「カラス顔（基亜種）とスズメ顔（亜種）」と称する人もいる。*P. c. tuberculatus*は、*tuber*に「塊」「結節」のような意味があり、塊状の鱗が脇腹に並ぶことを意味していると考えられる。ただし、中間的な個体も多く確実な判別は難しいため、飼育者や販売者は混同しないよう注意したい。

　丈夫な種類だが飼育スタイルはヤモリとしては特殊で、「乾燥を好む昼行性の小型のトカゲを飼育する」イメージで飼う。バスキングライトと強めのUVライトを照射し、バスキングライト下で35～40℃前後、離れた場所で25℃前後にしたいので、あまりに小さいケージだと温度勾配を設けにくく、個体のサイズ感よりは広めのケージを用意する。生息地は沿岸部で、雨こそ少なめだが夜露や朝露によって湿度はやや高めで飲み水となる水分も多い。飼育下でもこまめな霧吹きを必ず行う。2亜種とも流通は比較的安定しており、EU圏のCB個体を中心に国内CB個体も近年少しずつ出回るようになってきた。近年は産地別での流通もしばしば見られる（基亜種である場合が多い）。明確に産地や亜種分けをされた個体を入手した場合、繁殖を目指すようであればラベリングなどをして管理しよう。

オマーン産

側面に赤い斑紋が入らない個体

ツベルキュラータスカータートゲオヤモリ

ブロセトカゲユビヤモリ

Chapter 5
飼育タイプ別
世界のヤモリ図鑑
【地上棲・乾燥タイプ】

- 別名（流通名）：──　● 学名：*Saurodactylus brosseti*
- 分布：モロッコ中部以西　● 全長：5〜6cm前後　● CITES：非該当

　小型ながら上品な模様と体色を持つ美麗種。荒地や砂漠に生息する生き物でこのような配色を持つ種類は少ない。地色はベージュから焦茶色までと個体差があるが、地域による傾向も見られる。頭部には吻端から首にかけて白い縁取りのようなラインが入り、それに続くように背中に白い斑点が2列に並ぶ（乱れる個体も多い）。尾は黄色の地に茶色のやや乱れたバンド模様が入るが、幼体期はこれが明るいオレンジ色となって目立つ。昼夜や季節による気温差の激しい地域に生息する。

　見ために反して強健で、基本的な乾燥系地上棲種の飼育方法で問題ない。ただし、縄張り争いはやや激しい傾向にあるため、複数のオスの同居は避ける。主にWC個体が流通するが不定期で、1〜2年に1回まとまって輸入される印象がある。稀にEU圏からCB個体が出回るものの限定的。本属には他に6種記載されており、どれもはっきりした色柄で美しい。近年はシロテントカゲユビヤモリ（*S. elmoudenii*）の流通が見られたが少数で、その他の同属別種は今のところ見られない。

同属別種のシロテントカゲユビヤモリ

ペルシャスキンクヤモリ

Chapter 5
飼育タイプ別
世界のヤモリ図鑑
【地上棲・乾燥タイプ】

- 別名（流通名）：カイザリングスキンクヤモリ ● 学名：*Teratoscincus keyserlingii*
- 分布：パキスタン西部・アフガニスタン西部・イラン中部以東・アラブ首長国連邦
- 全長：17〜20cm前後 ● CITES：非該当

　ペルシャスキンクヤモリという和名は浸透しておらず、昔から学名由来のカイザリングスキンクヤモリ、もしくはカイザリンギーと呼ばれている。大型のスキンクヤモリで、この仲間特有の大きな鱗が目立ち、頭部が大きいこともあって成体は迫力がある。白色の地に背中や頭部にはオレンジ色や黄色のストライプが入り、その途中に黒い斑紋が不規則に入る。
　CB個体は丈夫で、乾燥系地上棲種の基本的な飼育方法で問題ない。ただし、臆病な性格で、触ろうとすると過剰に反応して逃げ回ったり、噛みついてくる個体もいるため、接触は最小限に留める。15年以上前はパキスタンからWC個体が大量に流通していたが、近年はパキスタンが生き物の輸出を制限してしまったため、WC個体の流通がほぼ見られなくなってしまった。EU圏やアメリカでは比較的安定して繁殖されているため、少数ずつながら定期的にCB個体が見られる。

ササメスキンクヤモリ

Chapter 5
飼育タイプ別
世界のヤモリ図鑑
【地上棲・乾燥タイプ】

- 別名（流通名）：──　●学名：*Teratoscincus microlepis*
- 分布：パキスタン西部・イラン南東部・アフガニスタン南部　●全長：9～12cm 前後　●CITES：非該当

　大きな鱗が特徴のスキンクヤモリ属の中では異端な存在。学名もギリシャ語から micro（小さな）lepis（鱗）と名付けられている。滑らかな皮膚を持ち、大きな頭部と瞳も相まって、タマオヤモリの仲間のようにも見える。ベージュから褐色の地色に茶色の不規則なラインが入る。

　飼育に関しては他のスキンクヤモリに準ずるが、ここ 15 年ほどは流通がない。理由としてはペルシャスキンクヤモリの WC 個体同様、主な輸出国であったパキスタンが輸出を止めてしまったためであり、かと言って、他の原産国に関しては紛争地域で生き物の輸出などという状況ではない（イランは元々輸出をしていない）。EU 圏などの CB 個体も皆無。再び流通することを期待したい。

プシバルスキースキンクヤモリ

Chapter 5
飼育タイプ別
世界のヤモリ図鑑
【地上棲・乾燥タイプ】

- 別名（流通名）：──　●学名：*Teratoscincus przewalskii*
- 分布：中国北西部・モンゴル南西部　●全長：12～15cm 前後　●CITES：非該当

　本属では鱗がやや小さい中型種。ベージュの背面に褐色のバンド模様が入るが濃淡に個体差があり、バンドがほぼ消失して無地のようになっている個体もいる。幼体期はそのバンドが明瞭に見られ、別種に見えるかもしれない。

　飼育は乾燥系の地上棲種に準ずるが、過剰な暑さと蒸れに弱い。ヒョウモントカゲモドキなどを飼育するような常時高温の管理ではすぐに調子を崩す可能性が高い。日中に 33℃程度まで上がり、夜間は 20℃近くまで低下するような環境がベストだが、それが難しい場合はケージ内で 25～33℃前後の温度差をつける形が良い。かなり乾燥している地域に生息するため、蒸れた環境だと呼吸器に障害が出る可能性もある。給水のための霧吹きは行うが、通気性の良いケージを用いる。流通は主に WC 個体で、スキンクヤモリ属の流通が減ってしまった近年においては、主に本種が多く流通している。

ロボロフスキースキンクヤモリ

●別名（流通名）：──　●学名：*Teratoscincus roborowskii*
●分布：中国北西部（新疆ウイグル自治区）　●全長：15～18cm 前後　●CITES：非該当

ハムスターでも有名なロボロフスキーの名が付けられている。本種の場合、ロシアの探検家の名前に因んだもの。ベージュの地色に褐色のバンド模様が入り、周辺には同色の斑点が不規則に多数入る。バンド模様が乱れ、全身に斑点状の模様が入るような個体も見られる。頭部はライン状ではなく斑点状。

飼育は、後述のトルキスタンスキンクヤモリに準じ、WC個体の場合は気を遣う必要がある。稀に流通するCB個体に関しては大きな難しい点はないと言える。いずれの場合も、多湿と単調な高温飼育はNG。以前は定期的にWC個体が多く流通していたが、近年は治安などの影響もあり減少した。CB個体はごく稀にEU圏などからわずかに流通する。

トルキスタンスキンクヤモリ

●別名（流通名）：──　●学名：*Teratoscincus scincus*
●分布：カザフスタン南部・ウズベキスタン・トルクメニスタン・タジキスタン・アフガニスタン北部・中国西部・イラン北東部　●全長：15～18cm 前後　●CITES：非該当

中央アジアを中心に広い生息域を持つスキンクヤモリの代表種。以前はペルシャスキンクヤモリも本種の亜種とされていたが、現在は独立種となった。黄色みの強い白い地に暗色の模様が入るものの、バンド状であったり細切れのライン状であったりと、個体差が大きい。ペルシャスキンクヤモリでもストライプを持つ個体がいるが、本種ではオレンジ色よりはやや茶褐色に近い。

飼育に関しては、本種の場合、WC個体の流通が主流となるためやや気を遣う必要があり、落ち着ける環境の用意はもちろん、ケージ内と昼夜で寒暖差をつけたい。昼夜の寒暖差は飼育下では難しいが、日中に27～35℃（飼育ケージの場所により変化をつける）、夜間が17～20℃前後にできるようなら、やってみる価値はあるだろう。主にウズベキスタンや中国（香港）から比較的安定した流通が見られる。

ヘルメットヤモリ

Chapter 5
飼育タイプ別
世界のヤモリ図鑑
【地上棲・乾燥タイプ】

- 別名（流通名）：ヘルメットゲッコー　●学名：*Tarentola chazaliae*
- 分布：モロッコ西部・西サハラ・モーリタニア北部（いずれも沿岸部）
- 全長：7～8cm前後　●CITES：附属書Ⅱ類

　以前は1属1種としてヘルメットヤモリ属（*Geckonia*）を形成していたが、近年、分類が変わりカベヤモリ属の1種となった。みごとなまでの3頭身とずんぐりした体型は今も昔も絶大な人気を誇る。茶褐色に焦茶色や白色の模様が入る配色が中心だが、個体差は大きく、赤みの強い個体や暗めの個体・無地（パターンレスと称されるが、モルフではない）の個体などさまざま。いずれも形質遺伝だと考えられるが、何年にもわたって検証されたデータはないので、あくまでも参考程度に留めたい。

　小型ながら丈夫で、地上棲の乾燥系ヤモリの基本的飼育スタイルで問題はないが、WC個体に関してはやや気を遣う面がある。臆病な性格で、狭いシェルターを入れることで落ち着かせたい。餌付きの悪い個体も多く、その場合は餌昆虫の種類を変えてみたり、小高い場所に登って下を見下ろすようにさせると餌昆虫への反応が良くなることがある。植物の少ない荒地に生息しているヤモリだが水分の要求量は高く、特に幼体から亜成体は水切れに弱い。これはCBも同様で、通気性の良い環境でこまめに霧吹きをして給水を怠らないようにする。

　以前は流通の90%以上がWC個体であったが、2023年からワシントン条約附属書Ⅱ類に掲載されることとなり、その前後からWC個体の流通が激減した。正式に輸出許可が下りるようになった2024年現在は、WC個体も以前ほどではないが定期的に流通している。CB個体も年々多くなり、EU圏をはじめ熱心な国内の愛好家から継続的な繁殖も少しずつ聞かれるようになったため、種としては見る機会は少なくない。

グローブヤモリ

Chapter 5
飼育タイプ別
世界のヤモリ図鑑
【地上棲・乾燥タイプ】

- 別名（流通名）：― ●学名：*Chondrodactylus angulifer*
- 分布：南アフリカ共和国西部・ナミビア中部以南・ボツワナ南部
- 全長：13～15cm 前後 ●CITES：非該当

ナミビアを中心とするアフリカ南西部に生息する大型種で、ヤモリファンの中では古くから人気が高い。基亜種のアングリファーグローブヤモリ（*C. a. angulifer*）と亜種のナミブグローブヤモリ（*C. a. namibiensis*）の２亜種が記載されているが、近年は基亜種の流通がほとんど。基亜種はベージュや茶色の地色に茶褐色、もしくはやや赤みが強い茶色の模様が入るが、色柄全てにおいて個体差が大きく、別種に見えるほどの差も見られる。幼体や若い個体は焦茶色のバンドが目立つ。一方、亜種のナミブグローブヤモリは模様がシンプルで、基本的には赤褐色と茶褐色のバンド模様のみとなり、個体によってその濃淡の差が出る程度である。しかし、基亜種にもやや似た模様の個体がいるため注意。体型的には、ナミブグローブヤモリは基亜種に比べて四肢がやや細長く、胴体もやや細めで全体的に小ぶりで華奢。

強健で、飼育は乾燥系の地上棲種の基本的な飼育スタイルで良い。近年は流通の中心が CB 個体ということもあり、不安な部分はより少ない。貪欲で昆虫類なら何でもよく食べるが、過食による吐き戻しがしばしば見られるため与えすぎには注意。以前は WC 個体も流通していて、WC と CB の割合は半々程度であったが、近年、WC 個体はあまり見られなくなり、EU 圏からの CB 個体が流通の中心となっている。流通自体は安定しているので、見る機会は多い。なお、基亜種に関して、白い斑点の有無で雌雄を判別するケースが一般的。オスの背中に白い斑点が表れるのだが、生後３～４カ月以上（確実なのは６～８カ月程度）経過しないと出ないことも多く、稀に白い斑点が目立たないオスもいるため、特にメスを確定させる時は注意し、総排泄口の膨らみの有無も併せて確認したい。

ナミブグローブヤモリ

Chapter 5 飼育タイプ別 世界のヤモリ図鑑 【地上棲・乾燥タイプ】

ゴールコンダアクマヤモリ

●別名（流通名）：──　●学名：*Cyrtodactylus nebulosus*
●分布：インド東南部　●全長：7～9cm前後　●CITES：非該当

　ゴールコンダはかつてのインドにあった王国の名で、本種の主な生息地の名がゴールコンダ高原ということでこの名が付けられている。以前は他のアクマヤモリ同様にアクマヤモリ属（*Geckoella*）に分類されていたが、近年はホソユビヤモリ属（*Cyrtodactylus*）に統合された。しかし、他のホソユビヤモリとはだいぶ体型が異なり、小型ながら全体的にがっちりとしていて太短い。黄褐色の地色に茶褐色の不規則な模様が入るが、模様・色共に個体差があり、黄色みが強く出る個体もしばしば見られる。
　ホソユビヤモリ全般、どちらかと言うと湿度のある環境を好むが、本種は乾いた環境を好む。基本的には丈夫で、通気性の良い環境で過度な高温に注意すれば問題ないだろう。原産国のインドは生き物の輸出を厳しく制限しているためWC個体の流通は見られないが、EU圏からのCB個体が安定して流通している。国内CB個体も年々増えており、目にする機会は多い。

マツカサヤモリ

Chapter 5
飼育タイプ別
世界のヤモリ図鑑
【地上棲・乾燥タイプ】

- 別名（流通名）：バイパーゲッコー ● 学名：*Hemidactylus imbricatus*
- 分布：パキスタン・イラン東部 ● 全長：7〜9cm前後 ● CITES：非該当

　古くから親しまれる小型ヤモリの代表種的存在。成体の尾は栄養状態が良いとまさに松ぼっくりをぶら下げているかの如く、時には胴体よりも太くなる。尾は鱗が大きく瓦のような見ためをしているが、頭部から胴体の鱗は細かい粒状となる。尾の鱗が毒蛇を連想させる意味で、英名で Viper Gecko（バイパーゲッコー）と呼ばれることも多い。模様も独特で、首から尾にかけて黒色とベージュのストライプが走り、途中に白い点がバンド状に浮かぶ。

　小型ながら強健で、基本的には乾燥系の地上棲種の飼育スタイルで良い。意外と立体活動を好むため、高さを出したレイアウトをして動きを観察するとおもしろい。以前はパキスタンから WC 個体が多く流通していたが、近年はパキスタンが生き物の輸出を止めてしまい皆無となった。しかし、繁殖が比較的容易なこともあり国内外の CB 個体が安定して流通しているため、入手のチャンスは十分にある。

バイノトリノツメヤモリ

Chapter 5
飼育タイプ別
世界のヤモリ図鑑
【地上棲・乾燥タイプ】

- 別名（流通名）：ビノエプリックリーゲッコー　●学名：*Heteronotia binoei*
- 分布：オーストラリアのほぼ全土　●全長：10〜12cm 前後　●CITES：非該当

オガサワラヤモリのように、単為生殖をするヤモリということで有名な種。繁殖をさせるためには擬似交尾が必要など諸説あるが、それが個体群によるものなのかなど、詳細はよくわかっていない。国内で流通するものはメス1匹のみで殖えている。赤褐色の地色に白い斑点や細いバンド模様が入る体色を持つ個体が多いが、個体差も大きい。

生息域がオーストラリア全土に及ぶことが物語っているように強健な種で、乾燥系地上棲種の基本的な飼育スタイルで飼育でき、多頭飼育も問題ない。ただし、オガサワラヤモリ同様、基本的には「個体の数=メスの数（繁殖可能数）」なので、意図しない過剰繁殖には注意。EU圏や国内のCB個体が安定して流通しているため、入手のチャンスは多いだろう。

ミズカキヤモリ

- ●別名（流通名）：――　　●学名：*Pachydactylus rangei*
- ●分布：南アフリカ共和国西部・ナミビア・アンゴラ南西部（いずれも沿岸部）
- ●全長：11〜13cm前後　●CITES：非該当

> Chapter 5
> 飼育タイプ別
> 世界のヤモリ図鑑
> 【地上棲・乾燥タイプ】

　かんじきを履いたかのような手のひらと、今にもこぼれ落ちそうな独特の虹彩の大きな眼。ドキュメンタリー番組などでもしばしば紹介されていて、爬虫類に詳しくない人でも見覚えのある人はいるかもしれない。「水掻き」と言っても泳ぐためのものではなく、主な生息地であるナミブ砂漠のさらさらとした砂の上を走りやすいよう進化したものである。

　基本的には丈夫なヤモリであるが、代謝が高いので小さめの活昆虫をこまめに与える必要がある。砂漠特化型の種であるが水分の要求量は高めなので、通気の良い環境を用意し、霧吹きでの定期的な給水は必須。以前はWC個体の流通も見られたが、近年ではほぼ見られなくなった。代わりにEU圏から少数ずつながらCB個体が輸入されている。国内でも繁殖例が聞かれるようになったため、見る機会は徐々に増えている。

カープホエヤモリ

Chapter 5
飼育タイプ別
世界のヤモリ図鑑
【地上棲・乾燥タイプ】

- 別名（流通名）：カープバーキングゲッコー ● 学名：*Ptenopus carpi*
- 分布：ナミビア西部から北西部（沿岸部の狭い範囲） ● 全長：10〜12cm前後 ● CITES：非該当

　同属他種含め、主にバーキングゲッコーの名で親しまれるグループ。乳白色から黄褐色の地に暗色のバンドが入り、ホエヤモリ属（*Ptenopus*）では特異な色柄を持つ。他種に比べると華奢で全体的に細長く、頭の大きさがより強調されている感がある。

　本属他種に比べると神経質かつ臆病な性格のため、身を隠せるだけでなく、しっかり砂を掘らせて巣穴で落ち着かせないと餌を食べない場合も多い。餌は個体の頭部サイズの1〜2回り小ぶりのものを好む。他の乾燥系地上棲種にも言えるが、特にこの仲間は床材が冷えることを嫌うため、部分的にしっかり加温をしつつ、涼しい場所や時間帯も必ず設ける。流通は同属他種と比べても少なく、EU圏から年間数匹程度のCB個体が流通するかどうかで、見る機会は限定的。

シロブチホエヤモリ

Chapter 5
飼育タイプ別
世界のヤモリ図鑑
【地上棲・乾燥タイプ】

- 別名（流通名）：シロブチバーキングゲッコー ● 学名：*Ptenopus garrulus*
- 分布：南アフリカ共和国西部から南部・ナミビア西部から南部
- 全長：8〜11cm前後 ● CITES：非該当

　2亜種あり、シロブチの名は主に亜種の *P. g. maculatus* に使われ、基亜種の *P. g. garrulus* はコモンバーキングゲッコーと呼ばれる。亜種小名の *maculatus* には斑点という意味があり、赤褐色の地に白や褐色の大きな斑点が多く目立つことが所以。基亜種も同じく、赤褐色が地色となるが色合いは濃い。白色や褐色の斑点も入るもののかなり細かく、目立たない個体が多い。成体のサイズもやや異なり、基亜種（コモン）は7〜8cm程度で性成熟している個体も多いが、亜種（シロブチ）は10cmを超える個体も珍しくない。

　飼育はカーブホエヤモリに準ずるが、本種のほうが物怖じしない性格の個体が多い。とはいえ、やや神経質な個体もいるため、砂を厚めに敷き、巣穴を掘らせて落ち着ける環境を用意する。異性間でも警戒し合うこともあるため、基本的には単独飼育を推奨する。以前はWC個体も多少出回っていたが、現在はほぼ見られなくなり、EU圏のCB個体がごく少数ずつ流通するのみとなった。稀に国内CB繁殖例も聞かれるようになったが、まだ少ない。

オスの喉。黄色く染まる

コッホホエヤモリ

Chapter 5
飼育タイプ別
世界のヤモリ図鑑
【地上棲・乾燥タイプ】

- 別名（流通名）：コーチバーキングゲッコー ● 学名：*Ptenopus kochi*
- 分布：ナミビア南西部 ● 全長：11〜13cm前後 ● CITES：非該当

　コッホとは種小名の *kochi* をドイツ語の発音にしたものであるが、わかりやすい英語読みのコーチの名で流通することが多い。コモンバーキングゲッコーに似た印象もあるが、本種は透明感があるような皮膚を持ち、体色も淡く明るめ。模様には個体差があり、背中に白色、脇腹に黄色みがかった細かい斑点を持つ個体が多い。本属の中では最も大きいものの頭部はそれに比べてやや小さいため、すらっとした印象を受ける。

　飼育は他のホエヤモリに準ずる。物怖じしない個体が多いが、やはり巣穴を掘らせて落ち着ける環境を用意してあげたい。EU圏のCB個体がごく少数ずつ流通する程度で、見る機会は限定的。

オビザラユビヤモリ

- 別名（流通名）：オマーンバンデットロックゲッコー
- 学名：*Trachydactylus hajarensis*（or *spatalurus*？）
- 分布：アラブ首長国連邦東部・オマーン北部 ●全長：8～10cm前後 ●CITES：非該当

尖った顔に棘のある尾。トゲオヤモリ属（*Pristurus*）にも見えるが、ザラユビヤモリ属（*Trachydactylus*）という別属のヤモリで、本種を含め2種のみが記載されている。灰褐色の地色に茶褐色のやや乱れたバンド模様というシンプルな体色は、生息地である岩場の環境に擬態していると考えられる。

近年EU圏のCB個体がごく少数ずつ流通するようになったが、丈夫で飼育するうえで癖はない。トゲオヤモリなど他の乾燥系地上棲種に飼育は準ずる。今のところ、見かける機会は少ない。

ペトレイハリユビヤモリ

●別名（流通名）：ペトリボウユビヤモリ　●学名：*Stenodactylus petrii*
●分布：セネガルからスーダンまでのアフリカ大陸北部一帯。その他はイスラエル・マリ北部・ニジェール北部・チャド北部など　●全長：9〜11cm前後　●CITES：非該当

　古くから流通が見られ、以前からハリユビヤモリ属（*Stenodactylus*）はボウユビヤモリという名で親しまれていたが、他にボウユビヤモリ属（*Cyrtopodion*）もあるため混同しないよう注意。ピンク色に近い地に透明感のある滑らかな皮膚と大きな瞳で、タマオヤモリの仲間に見えるかもしれない。雌雄の体格差が大きく、大きくがっちりしている個体はたいていメス。オスは1〜2回りほど小ぶりで、体型もやや華奢。

　丈夫で、乾燥系地上棲種の飼育スタイルで問題ないが、水分の要求量はやや高く、定期的な霧吹きは必須。野生下での活動気温が高いので、飼育環境内にやや高めの温度（32〜35℃前後）となる時間帯や場所を設けるようにしたい。4月から9月にかけてエジプトからのWC個体が多く流通するが、飼育難易度は到着時の状態に左右されることも多いため、購入時はしっかり選びたい。この期間以外はエジプトの制限により輸出されないため、季節限定の流通となる。

ナミハリユビヤモリ

Chapter 5 飼育タイプ別 世界のヤモリ図鑑【地上棲・乾燥タイプ】

- 別名（流通名）：エレガンスボウユビヤモリ　●学名：*Stenodactylus sthenodactylus*
- 分布：セネガルからスーダンまでのアフリカ北部一帯。その他はシリア・イスラエル・サウジアラビア・マリ北部・ニジェール北部・チャド北部・エチオピア・ケニア北部など　●全長：7〜9cm前後　●CITES：非該当

アスワンハリユビヤモリの名で流通する大型の個体群

　主にエレガンスハリユビヤモリの名で流通する。ペトレイハリユビヤモリと共に古くからエジプトよりWC個体が多く流通する北アフリカを代表する小型種。赤褐色の地に白色や褐色の細かい斑点が全身に入る色柄が基本だが、個体差が大きく、褐色のバンドが目立つ個体や大型の個体群もいる。個体差や地域差だと考えられるが、今後、分類が変わる可能性もあるだろう。

　ペトレイハリユビヤモリと比べるとやや小ぶりだが、丈夫さで言えば本種のほうが強健だと言え、物怖じしない個体が多い。基本的な乾燥系種の飼育方法を用いれば問題ない。他のエジプト産の種類同様、4月から9月の間にかけてエジプトから輸入されてくるWC個体が多く流通する。

サハラカワラヤモリ

Chapter 5
飼育タイプ別
世界のヤモリ図鑑
【地上棲・乾燥タイプ】

●別名（流通名）：――　●学名：*Tropiocolotes steudneri*
●分布：アルジェリア・リビア・エジプト・スーダン　●全長：6〜7cm前後　●CITES：非該当

　古くから「砂漠のシラス」「マイクロゲッコー」とも呼ばれ親しまれている小型種。同属他種にキタアフリカカワラヤモリ（*T. tripolitanus*）が知られており、本種と混ざってエジプトから輸入されることもある。本種はグレーから褐色でやや暗めの地に白色と黒色の斑点やバンド模様が目立つ。一方、キタアフリカカワラヤモリはオレンジ色の地に褐色や白色の細かな斑点が入るため、判別は十分可能だろう。

　小型ながら強健で、蒸れに注意すれば乾燥系地上棲種の基本的な飼育方法で問題ない。ただし食べられる餌昆虫のサイズには注意し、仮に大きなコオロギがケージに残っているとそれに負けてしまう危険性もあるため、残った大きめのコオロギは必ず取り出す。他のエジプト産の種類同様、毎年4月から9月にかけてエジプトからのWC個体が多く流通する。本種は雌雄関係なく協調性が良く、大きめのケージで複数飼育していると、集団で移動したりするなどの興味深い行動を目にすることができたりもするだろう。

同属別種のキタアフリカカワラヤモリ

PERFECT PET OWNER'S GUIDES

Chapter 5

Picture book of Geckos

飼育タイプ別 世界のヤモリ図鑑 【半樹上棲・湿潤タイプ】

ネウエイシヤモリ

Chapter 5
飼育タイプ別
世界のヤモリ図鑑
【半樹上棲・湿潤タイプ】

- 別名（流通名）：――　●学名：*Dierogekko nehoueensis*
- 分布：ニューカレドニア北西部
- 全長：7～8cm前後　●CITES：非該当

聞き慣れないイシヤモリだが、本種は彼らの一大拠点であるオーストラリア産ではなく、ニューカレドニアに分布する全くの別属である。無地に近いようなシンプルな体色ながら、滑らかな皮膚感と丸みを帯びた顔つきは愛らしく、根強いファンもいる。

基本的に日中は低床付近のシェルターなどの下に隠れ、夜間は木の上や壁に登り活動的な面を見せる。見ために反して動きが速いためメンテナンス時は注意しよう。他のニューカレドニア産のヤモリに比べて流通は格段に少ない。EU圏のCB個体がごく稀に流通する程度で、入手のチャンスは限られる。

カメレオンヤモリ

Chapter 5
飼育タイプ別
世界のヤモリ図鑑
【半樹上棲・湿潤タイプ】

- 別名（流通名）：――　●学名：*Carphodactylus laevis*
- 分布：オーストラリア（クイーンズランド州北東部）　●全長：14～17cm前後　●CITES：非該当

愛好家に「オーストラリア産ヤモリでは最高峰・最珍種」とも言われる、1属1種のヤモリ。オマキトカゲモドキ（キャットゲッコー）とミヤビササクレヤモリを足して2で割ったような容姿で、外見の近しいヤモリは思い当たらない。英名ではChameleon Geckoだが、カメレオンのように色を変えるという意味ではなく、歩くさまが、足を伸ばしたような状態でふらふらと頼りなさげでカメレオンのように見えることから。再生尾のように見える太短いニンジン型の尾はオリジナル（完全尾）で興味深い。

飼育に関しては他の多くのオーストラリア原産種とは多少異なり、やや湿度のある環境を好む傾向にある。過度な高温を好まず、夜間に気温が低下する状況が望ましく、それが可能であれば日中に30℃近くまで気温が上昇しても問題ないだろう。夜間の気温低下が難しいなら、25～27℃程度までに留めておいたほうが良さそうだ。同じくクイーンズランドに多く生息するコノハヤモリの仲間（特に*Saltuarius*）の飼育スタイルに、少し湿度を高めた環境が近しいのかもしれない。現地でも生息域が狭く、あまり動かないため見つけにくいとされ、謎が多い。流通は皆無に等しく、日本では過去に2～3回の流通例があったのみ。今後も入手の機会は非常に少ないだろう。

キガシライロワケヤモリ

Chapter 5 飼育タイプ別 世界のヤモリ図鑑【半樹上棲・湿潤タイプ】

- 別名（流通名）：——　●学名：*Gonatodes albogularis*
- 分布：メキシコ南部から南米大陸北西部まで。キューバ・プエルトリコ・ハイチ・ジャマイカなど（亜種により分布域は異なる）　●全長：7〜9cm前後　●CITES：非該当

　全部で4亜種が知られ、日本へ輸入されている9割以上は、亜種の *G. a. fuscus* だろう。本来なら基亜種の *G. a. albogularis* がキガシライロワケヤモリと呼ばれるべきだが、日本では *G. a. fuscus* に対してキガシライロワケヤモリという認識となっている。混同を避けるため、ここでは基亜種を「アルボグラリスイロワケヤモリ」と呼ぶ。亜種ごとの特徴は微妙だが、*G. a. fuscus* を基準に考えると、基亜種の *G. a. albogularis* は尾の先に白い部分がなく、サイズもやや小型で、全体的に明るく淡い色調。*fuscus* という種小名がラテン語で「暗い」という意味を持つため、基亜種の *G. a. albogularis* に比べて「色が暗い」という意味合いで付けられたと推測できる。*G. a. notatus* は最も小さい亜種で *G. a. fuscus* より1〜2cmほど小型。色合いも薄く、どちらかといえば基亜種に近いが、決定的な外見上の違いに乏しく、混同してしまわないように注意。なお、これは本書で紹介する全てのイロワケヤモリ属（*Gonatodes*）に共通するが、メスは多くの種類において酷似している。同定が可能な種類もいくつか存在するが、亜種レベルでは外見上だけでの同定はほぼ不可能で、別種でも困難なことがほとんど。繁殖を目指している人にとってメスの取り違いは許されないため、飼育者も販売者も、メスの管理には細心の注意を払うこと。

　飼育は、全てのイロワケヤモリに言えるが、どちらかと言えば小型のカエル類を飼育するようなスタイルが望ましい。植物や枝などを多く入れて隠れられる場所を多く作り、その合間をこそこそと動き回る姿を観察するようなレイアウトである。時折、枝の上などに現れたり、走る時の落ち葉の音や乱れなどを楽しむのがイロワケヤモリの楽しみ方と言える。全種が昼行性のため、人間の生活リズムにも合っており、観察できるチャンスも多いだろう。先述のとおり流通の9割以上は *G. a. fuscus* のWC個体で、定期的にニカラグアから

基亜種

輸入されているため見る機会は多い。他の亜種はWC個体の流通はほぼ見られず、ごく稀にEU圏からCB個体が流通する程度。なお、WC個体は脱水になっていることが多く、本来、脱水に非常に弱い種類であるため、輸入直後の個体は通気の良いケージに入れてこまめに霧吹きをして補水を促したい。

ノータタスキガシライロワケヤモリ（G. a. notatus）

アンティルイロワケヤモリ

- 別名（流通名）：――　　●学名：*Gonatodes antillensis*
- 分布：ベネズエラ（北部沖合にある島々に分布。大陸への分布は見られない）
- 全長：6〜7cm前後　　●CITES：非該当

　アンティル諸島（小アンティル諸島の中の一部）にのみ生息するイロワケヤモリの仲間では最小クラスの種。オスは頭部が薄い黄色、体はブルーグレーで、似た配色のキガシライロワケヤモリ（*G. albogularis*）よりは全体的に淡い発色となる。メスも目立つ発色こそないが柄は他のイロワケヤモリのメスよりも独特で、特に頭部から首にかけて縁を描くように入る模様は特徴的。
　小型種だが弱さはなく、餌のサイズにだけ注意すれば飼育は同属他種に準じる。以前はバルバドスなどカリブ諸国からWC個体の輸入も多く見られたが近年は激減し、EU圏のCB個体が少数ずつ出回る程度。

メス

クマドリイロワケヤモリ

Chapter 5
飼育タイプ別
世界のヤモリ図鑑
【半樹上棲・湿潤タイプ】

●別名（流通名）：──　●学名：*Gonatodes caudiscutatus*
●分布：エクアドル・コロンビア南西部・ペルー北部　●全長：7〜8cm 前後　●CITES：非該当

　キガシライロワケヤモリに似ているが、本種は頭部全体から喉まで黄色やオレンジに染まり、そこに歌舞伎の隈取りを思わせるような茶色のラインが入る。体はブルーグレーがベースで、成熟したオスの地色は他種には見られないような濃い青紫色に染まる発色を見せる。
　飼育に関しては他のイロワケヤモリに準ずるが、やや神経質な面があるため落ち葉や背の低い植物などを多く入れ、隠れられる場所を多く作りたい。10年ほど前までは輸入が見られなかったが、近年はEU圏のCB個体がわずかながら流通している。

メス

ヤモリ　215

ゴシキイロワケヤモリ

Chapter 5
飼育タイプ別
世界のヤモリ図鑑
【半樹上棲・湿潤タイプ】

- 別名（流通名）：——　●学名：*Gonatodes ceciliae*
- 分布：ベネズエラ北部・トリニダード - トバゴ　●全長：10〜12cm 前後　●CITES：非該当

最大でも全長10cm未満の種類が多いイロワケヤモリの仲間において、本種もしくはアニュラリスイロワケヤモリ（*G. annularis*。キラボシイロワケヤモリとも）が最大級の種類となるだろう。最大全長は12cmに迫る存在感のある種で、別属のヤモリやトカゲにすら見えるかもしれない。オスの体色はたいへんカラフルで、「五色」の名に恥じない配色は飼育者を楽しませてくれる。比較的物怖じしない性格で、植栽やレイアウトを施したケージ内でもオープンスペースに現れてくれるだろう。

体の大きさも関係しているだろうが、ある程度育った個体は丈夫で、成体となれば1cm近いコオロギなどを食べてくれるため、飼育しやすいと言える。以前はバルバドスなどカリブ諸国からWC個体の輸入も見られたが、近年は激減。EU圏からのCB個体は昨今、わずかながらも安定した流通がある。

メス

オショネシイロワケヤモリ

Chapter 5
飼育タイプ別
世界のヤモリ図鑑
【半樹上棲・湿潤タイプ】

- 別名（流通名）：コンキンナタスイロワケヤモリ　●学名：*Gonatodes concinnatus*
- 分布：エクアドル・コロンビア南部・ペルー北部　●全長：8〜10cm前後　●CITES：非該当

　学名由来のコンキンナイロワケヤモリ、もしくはコンキンナタスと呼ぶ愛好家も多い。成熟したオスは頭部から前腕付近まで濃いオレンジ色に染まる。体から尾の付け根付近までは不規則な黄色の斑紋が無数に入り、地色の黒さとのコントラストが美しい。

　飼育はWC個体特有の癖があり、脱水になっている個体もしばしば見られる。導入初期は霧吹きによるこまめな給水と保湿を行う。また、同属他種に比べて神経質で、オス同士はもちろん、ペアであってもどちらかがストレスで負けてしまうことも多いので、広めのケージを使うか個別に飼育することを推奨する。本種はペルー産のWC個体の流通が中心となっている。EU圏からも輸入が見られるが、たいていはペルーから輸出されたWC個体がEU圏に入り、それを分けて輸出していることが多い。「EUからの個体＝全てCB」ではないという例の1つである。

メス

ダウディンイロワケヤモリ

Chapter 5 飼育タイプ別 世界のヤモリ図鑑 【半樹上棲・湿潤タイプ】

- 別名（流通名）：──　●学名：*Gonatodes daudini*
- 分布：セントビンセントおよびグレナディーン諸島（ユニオン島・カリアク島）
- 全長：5〜6cm前後　●CITES：附属書I類

「色分け」というよりは「色とりどり」と言うべきか。オリーブグリーンの地色にさまざまな色と模様が複雑に入り混じった配色は唯一無二で、目玉のような独特の模様には目を奪われるだろう。

本属でも小型の部類に入るものの強健な種で、見ために反して乾燥には強い。逆に、常時じめじめした環境を嫌うため、通気性の良いケージを用いる。2019年にワシントン条約附属書I類に記載されたため、現在は商業目的での海外からの輸入は禁止。しかし、国内における取引は手続きを踏めば可能で、国内の愛好家が少数ずつではあるが繁殖・登録したうえで販売してくれていることもあり、入手のチャンスがゼロになってしまったわけではない。

カタガケイロワケヤモリ

Chapter 5
飼育タイプ別
世界のヤモリ図鑑
【半樹上棲・湿潤タイプ】

- 別名（流通名）：フメラリスイロワケヤモリ　● 学名：*Gonatodes humeralis*
- 分布：南米大陸中部以北（ブラジル東部を除くほぼ全域）・トリニダード・トバゴ
- 全長：7～9cm 前後　● CITES：非該当

　南米大陸の広範囲に分布する南米産イロワケヤモリの代表種。イロワケヤモリの多くは島嶼部産の種類が多く、大陸に分布する種類は少ない。オスは独特なカラーリングで、頭部は赤色をベースとし、スカイブルーや黄色の模様が複雑に入り組む。体は赤褐色で、金色とブルーグレーがベースとなり、大きめの赤い斑点が入る。全体的に光沢があり、光に当たった時に見られる色合いは特に美しい。中型種で、体型はやや細身。

　性格はやや臆病であるうえに気性は荒いほうで、オス同士はもちろん、メス同士でも稀に争うため、植物などをふんだんに入れたレイアウトケージにて、ペアもしくは単独での飼育が無難

である。稀に WC 個体が南米から輸入されるが、輸送（脱水）に弱く着状態が悪いことも多い。EU 圏からの CB 個体も見られるものの多くはないため、見る機会は少なめである。

メス

カタボシイロワケヤモリ

Chapter 5 飼育タイプ別 世界のヤモリ図鑑 【半樹上棲・湿潤タイプ】

●別名（流通名）：クジャクイロワケヤモリ・オセラータイロワケヤモリ　●学名：*Gonatodes ocellatus*
●分布：トリニダード-トバゴ　●全長：9〜11cm前後　●CITES：非該当

　クジャクイロワケヤモリ、もしくはオセラータイロワケヤモリの名で流通することのほうが多い。頭部は黄色、体はブルーグレー、尾はオレンジ色という、まさに色分けと言える配色をしている。前肢の付け根付近のやや後方に1対、もしくは2対の黒く縁取られた青白い大きな斑点が入る。頭部の模様は、茶色のラインが入るタイプと入らないタイプの2つが知られているが、産地由来の差なのか、個体差からの選別交配なのかは不明である。

　本属の中では比較的大型で丈夫と言え、飼育は同属他種に準じる。性格も陽気で、レイアウトを施したケージで飼育していてもその美しい姿を観察できるだろう。流通は同属他種に比べて安定しており、定期的にEU圏からのCB個体が輸入されている。

セスジイロワケヤモリ

Chapter 5 飼育タイプ別 世界のヤモリ図鑑 【半樹上棲・湿潤タイプ】

●別名（流通名）：──　●学名：*Gonatodes vittatus*
●分布：コロンビア北部・ベネズエラ北部（沖合の島々を含む）・トリニダード-トバゴ・ガイアナ北部・スリナム北部・フレンチギアナ北部　●全長：7〜8cm前後　●CITES：非該当

幼体

　吻先から尾先まで真一文字に入る白いラインが大きな特徴。成熟したオス個体は頭部から尾にかけて、白いラインに沿うようにオレンジや黄色の発色が見られ、コントラストが美しい。*C. atricucullaris* に似るが、後者は頭部の大部分が黒くなり、そこに白い斑点が不規則に入るため見分けることができる。

　同属他種と同様の飼育方法で問題ないが、臆病な性格の個体が多くストレスには弱い傾向にあるため、落ち葉などシェルターになるものを多数入れる。オス同士はもちろん、ペア飼育の際も注意。流通は比較的安定しており、定期的にEU圏のCB個体が輸入されている。

エレガンスチビヤモリ

Chapter 5
飼育タイプ別
世界のヤモリ図鑑
【半樹上棲・湿潤タイプ】

- 別名（流通名）：――　●学名：*Sphaerodactylus elegans*
- 分布：キューバ（沖合の島々を含む）・ハイチ・ドミニカ共和国　●全長：5～6cm 前後　●CITES：非該当

名のとおり最大全長が4～5cm前後の小型種が多いチビヤモリの仲間であるが、本種は6cm前後になり属中では大型。幼体から成体になる時に体色が大きく変化し、幼体ではベージュの地色に黒いバンド模様で尾は明るい赤色という派手な体色。生後3～5カ月ほど経過すると変化し始め、成体ではベージュの地色に褐色の細かい縦線と点が無数に入る。なお、外見に雌雄差はなく、どちらも同じ色柄。

本種を含むチビヤモリの仲間は見ために反して強健な種類が多い。生息地の近い小型のイロワケヤモリとしばしば比べられるが、チビヤモリの仲間のほうが乾燥にも強く、適応能力は高い。本種は特に強健で、過剰な高温と低温・蒸れに注意すれば問題ないだろう。ただし、チビヤモリ全種に言えるが、趾下薄板を持っており壁面などつるつるした垂直面なども容易に登る。小型で動きもかなり速く、脱走には十分注意しなければならない。全種がイロワケヤモリ同様に昼行性であるため、中程度の強さの紫外線ライトは設置したい。主にEU圏からのCB個体が流通するがやや不定期で、1度の流通も少数ずつとなるため、見る機会はそう多くはない。

幼体

タンビチビヤモリ

Chapter 5
飼育タイプ別
世界のヤモリ図鑑
【半樹上棲・湿潤タイプ】

- 別名（流通名）：ファンタスティカスチビヤモリ　●学名：*Sphaerodactylus fantasticus*
- 分布：小アンティル諸島の一部の島（亜種により異なる）　●全長：4～5cm 前後　●CITES：非該当

タンビチビヤモリという名はほぼ使われておらず、主に亜種名からの名で呼ばれる（フーガチビヤモリなど）。8亜種が知られ、色柄の差は若干あるが基本的な配色は黒い頭部に細かな白い斑点や線が散りばめられ、体色は黄色、尾はオレンジ色。これらはオスに限られる配色で、メスは頭部が黒くならず、体全体に褐色の網目模様がうっすらと出る。

小型ではあるが丈夫で順応性は高く、飼育は同属他種に準じる。小型のため多めの給水を行いたくなるが、決して過度にしないよう注意。流通が見られるのは主に *S. f. fuga*（フーガチビヤモリ）だが流通量は多くなく、EU圏のCB個体が稀に流通する程度。その他の亜種の流通はさらに少なく、目にする機会はほぼない。

クロボシチビヤモリ

Chapter 5
飼育タイプ別
世界のヤモリ図鑑
【半樹上棲・湿潤タイプ】

- ●別名（流通名）：ニグロプンクタータチビヤモリ ●学名：*Sphaerodactylus nigropunctatus*
- ●分布：キューバ・バハマ諸島（亜種により異なる） ●全長：5〜6cm前後 ●CITES：附属書Ⅲ類（*S. n. alayoi*・*S. n. granti*・*S. n. lissodesmus*・*S. n. ocujal*・*S. n. strategus* が該当）

　学名のニグロプンクタータと呼ぶ愛好家のほうが多いだろう。本種もタンビチビヤモリ同様に多くの亜種があり、2024年現在、11亜種が知られているが、今後、増減が予想されるため、参考程度にしておきたい。亜種間で差はあるが、成熟したオス個体は頭部と尾がレモンイエローで体はスカイブルー、そこに黒の細かい斑点が散りばめられるという、爽やかな配色を持つ。亜種間での差異は、斑点の入り方が異なる場合が多い（全体・背中のみ・無斑など）。メスも独特な体色で、ベージュの地色に黒いバンド模様が入り、成熟した個体は頭部や尾を中心に若干黄色の発色が見られることもある。

　飼育は同属他種に準じ、比較的大きめの種ということもあり、飼育しやすい。いずれの亜種もEU圏からのCB個体がごく少数のみ流通するが、2019年にキューバ産の一部の亜種がワシントン条約附属書Ⅲ類に記載されたため、それらは日本政府が求める原産地証明書が発行されないと輸入できず、諸外国のブリーダーはそれが発行されるまで個体を保管しなければならず、面倒で対応してくれない場合が多いため、附属書Ⅲ類掲載の亜種の流通は激減した。

メス

トーレチビヤモリ

Chapter 5
飼育タイプ別
世界のヤモリ図鑑
【半樹上棲・湿潤タイプ】

- 別名（流通名）：――　●学名：*Sphaerodactylus torrei*
- 分布：キューバ南部　●全長：6〜7cm前後　●CITES：附属書Ⅲ類

　古くから知られてるチビヤモリを代表する種の1つ。成熟したオスは頭部と尾がオレンジ色、胴はブルーグレーに染まり美しい。メスも黒色とベージュのくっきりしたバンド模様を持つため、雌雄どちらもインパクトのあるカラーリングで人気が高い。オスは生まれてから成熟するまで（8〜10カ月ほど）の間は、メスと同様のバンド模様で、体色の変化を楽しむことができる。属中最大級の大きさを誇り、8cmに迫る個体も確認され、存在感はチビヤモリの仲間でも群を抜いているのではなかろうか。

　過度の低高温と蒸れに注意すれば強健であり、成体となれば6〜7mmほどのコオロギなども捕食可能となる。餌の確保の心配も少なく飼育しやすい。人気に反し、2019年にキューバ産の生き物全てがワシントン条約附属書Ⅲ類に記載され、本種も対象となった。日本政府が求める原産地証明書が添付されないと輸入できず、流通は激減。少数ずつだが国内繁殖個体が流通したり、EU圏からのCB個体の流通もされないわけではないため、目にする機会はあるだろう。

メスと若いオスはバンド模様をしている

ロサウラエチビヤモリ

Chapter 5
飼育タイプ別
世界のヤモリ図鑑
【半樹上棲・湿潤タイプ】

●別名（流通名）：──　●学名：*Sphaerodactylus rosaurae*
●分布：ホンジュラス（ベイ諸島）　●全長：6〜7cm 前後　●CITES：非該当

　トーレチビヤモリと並び、チビヤモリ属の中では大型で存在感がある。幼体は雌雄共にベージュと黒色の明瞭なバンド模様で、成体になるとオスはオリーブグリーンの地色に、細かな黒い斑点が入り、メスはオリーブ色の地に大きめの黒い斑紋が表れる。遠めからでもわかるほどの大きな鱗が特徴で、光の当たり具合で鱗1枚1枚が複雑かつ美しい色彩を表現する。

　丈夫で飼育は同属他種に準じる。トーレチビヤモリよりはやや神経質だが、植物を入れたレイアウトケージ内でも観察できるだろう。近年、EU圏のCB個体がごく少数ずつ流通するようになった。

イトコホソユビヤモリ

- 別名（流通名）：——　●学名：*Cyrtodactylus consobrinus*
- 分布：マレーシア（ボルネオ島を含む）・インドネシア（スマトラ島・ボルネオ島など）・シンガポール
- 全長：22〜25cm 前後　●CITES：非該当

　25cmを超える個体も見られ、存在感抜群の大型種。種小名の *consobrinus* には「いとこ（従兄弟もしくは従姉妹）」という意味があり、和名はそこから。幼体は黒色または暗褐色の地に白色の細いバンド模様や網目模様が入り、成体は茶褐色の地に白いバンド模様や網目模様は多少ぼやけるもののほとんどそのまま残る。

　飼育は他のホソユビヤモリに準ずるが、本種は樹上棲傾向もやや強く、生息地では夜間の活動時に岩や樹木に登って昆虫を捕食するため、広めのケージで立体的なレイアウトを用意したい。高温に弱いので、通気性の良いケージで夏場の暑さ対策を万全にする。比較的安定してマレーシアからWC個体が流通するが、減少傾向にあり、いつでも見られる種というわけではない。

オマキホソユビヤモリ

Chapter 5
飼育タイプ別
世界のヤモリ図鑑
【半樹上棲・湿潤タイプ】

- 別名（流通名）：エロークホソユビヤモリ ● 学名：*Cyrtodactylus elok*
- 分布：マレーシア・タイ南部 ● 全長：9～11cm 前後 ● CITES：非該当

主に種小名由来のエロークホソユビヤモリの名で流通する。同じくマレーシアから輸入されるキャットゲッコー（*Aeluroscalabotes felinus*）の和名がオマキトカゲモドキとされているため、混同を防ぐ意味でもエロークの名で覚えておくとわかりやすい。古くから親しまれているホソユビヤモリの小型種で、カメレオンの尾を水平にしたような、くるくると巻かれた扁平な尾が特徴的。地は茶褐色から焦茶色で、背中の色が薄く蝶のような模様が入る。

標高がやや高めの高地（高原）に生息し、高温多湿と乾燥には弱い。特に夏場は通気性を重視して、できるだけ涼しい環境を作り、こまめに霧吹きをする。流通のほとんどはWC個体で、現在はマレーシアから安定した輸入が見られている。輸送状態も良くなっており、導入時の苦労も昔に比べればなくなっていると言えるだろう。

ニューギニアオオホソユビヤモリ

Chapter 5
飼育タイプ別
世界のヤモリ図鑑
【半樹上棲・湿潤タイプ】

- 別名（流通名）：── ● 学名：*Cyrtodactylus irianjayaensis*
- 分布：インドネシア・パプアニューギニア ● 全長：23～28cm 前後 ● CITES：非該当

最大全長30cmに迫る個体もいる大型のホソユビヤモリ。新種記載されたのが2001年という比較的新しい種で、それ以前は sp. 扱いで流通していた。2010年以降では、本種の名で少しずつ流通するようになった。ベージュの地色に焦茶色のバンド模様が入り、それが「W」のように下部中央付近が凹んでいる点で、同属の似た色柄を持つ種類（*C. lousiadensis* など）と区別できる。

主にニューギニア島に生息しており、マレーシアに生息するホソユビヤモリの仲間などと比べるとやや高めの温度を好む。特に輸入して間もない個体は過度な低温と乾燥に注意したい。かなり大型になるうえにやや神経質であるため、できるだけ大きめのケージを用意して筒状のコルクや流木などを配置し、落ち着ける環境を整えたい。流通はやや不定期ながらもインドネシアからWC個体が毎年輸入されている。

大型になるホソユビヤモリ

ペグーホソユビヤモリ

- ●別名（流通名）：——　●学名：*Cyrtodactylus peguensis*
- ●分布：ミャンマー南部・タイ南部　●全長：10～12cm 前後　●CITES：非該当

　美しい網目模様と適度なサイズから人気が高い。柄には個体差が見られ、ある程度の地理的な傾向が見られると考えられる。なお、数年前までは *C. p. zebraicus* が亜種として存在していたが、現在は *C. zebraicus* として独立種になった。他に *C. monilatus* など外見上似ている種も多く存在しており、今後、分類が変わる可能性も十分あるだろう。

　長細い体型をしているため不安に感じられやすいが、他のホソユビヤモリ同様に乾燥（脱水）と過度な低高温に注意すれば飼育しやすい。流通の多くは WC 個体であるため、輸入時の状態に左右される。不安な人は輸入後しばらく経過した個体を入手しよう。EU 圏から CB 個体の流通もあるが稀。

PERFECT PET OWNER'S GUIDES

Chapter 5
飼育タイプ別
世界のヤモリ図鑑
【半樹上棲・湿潤タイプ】

シロテンアクマヤモリ

●別名（流通名）：──　●学名：*Cyrtodactylus triedrus*
●分布：スリランカ中南部　●全長：10～13cm 前後　●CITES：非該当

　本種を含むアクマヤモリと呼ばれる仲間はかつてアクマヤモリ属（*Geckoella*）として分類されていたが、近年になって研究が不十分という結論から、明確な分類が確立されるまで全て大所帯である*Cyrtodactylus*（ホソユビヤモリ属）に分類されることとなった。本種は黒に近い茶褐色の地に白い斑点というシンプルな配色を持つ。体型はやや丸みがあり尾も太短いため、ホソユビヤモリの仲間として考えると特異な存在かもしれない。スリランカ固有種で、中南部の熱帯雨林に比較的広く分布しているとされる。夜行性で、日中は倒木や岩の下などに身を潜め、夜間に小高い場所まで出てきて昆虫を捕食する。

　飼育は、やや湿り気を好む半樹上棲種の基本的な飼育方法に準じる。スリランカは生き物の輸出に厳しい国で、WC 個体の流通はほぼ見込めない。しかし、本種を含むアクマヤモリの仲間はいずれも EU 圏において人気が高く、継続して繁殖させているブリーダーもいるため、少数ずつだが CB 個体が流通し入手のチャンスはあるだろう。

ヤクーナアクマヤモリ

Chapter 5
飼育タイプ別
世界のヤモリ図鑑
【半樹上棲・湿潤タイプ】

- 別名（流通名）：——　●学名：*Cyrtodactylus yakhuna*
- 分布：スリランカ中北部　●全長：7〜9cm前後　●CITES：非該当

　シロテンアクマヤモリ同様に"*Geckoella*"だったヤモリ。最大10cm未満と小型で、褐色の地に焦茶色で縁が波打つ太いバンド模様が入る。バンド模様には個体差があり、後肢付近のバンドがほぼ消失している個体も多い。また、バンドが乱れて蝶のような模様になっている個体もいる。これらは親個体からの遺伝（形質遺伝）である可能性が高いが、検証したわけではない。

　飼育に関してはシロテンアクマヤモリなどに準ずるが、本種のほうがややデリケートで乾燥に弱いため、隠れ家となる場所を多く作り、通気が良いことが前提となるが、こまめに霧吹きを行う。流通は非常に少ないが、EUからCB個体がごく少数ずつ流通している。

クチボソツメナシヤモリ

●別名（流通名）：エベナビアゲッコー　●学名：*Ebenavia* spp.
●分布：マダガスカル（北部から南東部まで）・モーリシャス・コモロ諸島（※種により異なる）
●全長：6〜7cm前後　●CITES：非該当

Chapter 5
飼育タイプ別
世界のヤモリ図鑑
【半樹上棲・湿潤タイプ】

　クチボソツメナシヤモリ属（*Ebenavia*）は、*E. boettgeri*・*E. robusta*・*E. inunguis*・*E. safari*・*E. maintimainty*・*E. tuelinae* の6種が確認されているが、流通時に細かく分けられることがほぼなく、単にエベナビアゲッコーとして流通することがほとんど。鱗の並びなどを確認する必要があるため、判別は困難だと言える。*E. tuelinae* に関しては生息地がコモロ諸島に限定されるため、WC個体の流通はほぼないだろう。マダガスカル島内での分布を考えると、主に流通する種類は *E. boettgeri*・*E. robusta*・*E. inunguis*・*E. safari* の4種だと考えられる。判別に自信のない人で繁殖を目指したいという場合は、同じ便で来た個体でペアを揃えると良い。
　飼育に関してはどの種もほぼ共通で、華奢な見ために反して比較的丈夫で乾燥にも強い。基本的にはやや湿度のある環境を好み、通気性の良いケージで定期的に霧吹きをする。口が小さく食べられる餌昆虫のサイズは限定されるため、小さなコオロギやワラジムシなどを安定して用意する必要がある。流通の中心はWC個体であるが、脱水状態になっていなければ立ち上げも苦労しないはずだ。ただし、マダガスカルからの輸入自体がシーズンが限られるうえに不安定なため、いつでも見られる種ではない。

ヤモリ　231

サラマンダーヤモリ

- 別名（流通名）：――
- 学名：*Matoatoa brevipes*
- 分布：マダガスカル南西部
- 全長：6〜8cm 前後
- CITES：非該当

　胴長で尾が長いシルエットと、鱗を感じさせないやや光沢のある皮膚感は、中米などに分布する陸棲有尾目のミットサラマンダーの仲間（*Bolitoglossa* spp.）かと思わせる。ヤモリの仲間全体を見ても異端な外見をしていると言えるだろう。灰褐色やベージュの地色を持つが、色合いは代謝によって変化する。

　外見からは湿度を好みそうな印象を受けることと思うが、マダガスカル南西部の沿岸に広がる開けた森林に生息しているとされ、どちらかといえば通気の良い環境を好み、蒸れる環境だと調子を崩しやすい。サイズ感から考えても、イロワケヤモリやチビヤモリの仲間を飼育するようなスタイルに準ずれば良いだろう。流通はマダガスカルからの WC 個体がほとんどであるが、不定期かつ不安定。待っていても2〜3年巡り会えないというケースもあるだろう。

ヒメササクレヤモリ

Chapter 5
飼育タイプ別
世界のヤモリ図鑑
【半樹上棲・湿潤タイプ】

- 別名（流通名）：——　● 学名：*Paroedura androyensis*
- 分布：マダガスカル南西部から南部　● 全長：5〜7cm 前後　● CITES：附属書Ⅱ類

　古くから親しまれている小型種で、ササクレヤモリの仲間としては最小級とされる。色彩こそ褐色ベースで地味だが、粒状突起が目立つ太短い尾を持ち、それがゼンマイのようにくるりと巻く姿や体に対してアンバランスな大きな目も相まって愛らしい。マダガスカル南部の林床付近に生息し、日中は落ち葉や倒木の下などに潜み、夜間は周囲の小高い倒木の上や木に登るなどして昆虫を捕食する。やや湿った環境を好むが、乾季がある地域で多少の乾燥には強い。

　飼育の際は、蒸れる環境を嫌うため、高温多湿にならないよう調整する。昔はソメワケササクレヤモリなどと並んで多く輸入されていたが、2019年にワシントン条約附属書Ⅱ類に記載されて以降輸出割当は激減し、2024年現在、WC個体は数える程度しか流通がなくなってしまった。国内やEU圏からのCB個体も多くはないため、目にする機会は少ないだろう。

ミヤビササクレヤモリ

Chapter 5
飼育タイプ別
世界のヤモリ図鑑
【半樹上棲・湿潤タイプ】

- 別名（流通名）：グラキリスササクレヤモリ　● 学名：*Paroedura gracilis*
- 分布：マダガスカル北部から東部　● 全長：10〜12cm 前後　● CITES：非該当

　本属でもスレンダーな体格で、やや紫色にも見える透明感のあるグレーの地色も相まって妖艶な雰囲気を醸し出しているササクレヤモリ。背中の模様は個体差が大きく、ストライプ状やバンド模様、それらの組み合わせなどさまざまある。日中は地表近くの隠れ家に潜み、夜になると出てきて長い四肢を器用に使い、木の上などに登る姿が見られる。

　古くから輸入されていて飼育欲をそそられる種であるが、飼育に関しては難しい部類に入る。少々大袈裟な言い方をすれば、マソベササクレヤモリと同等の飼育環境を用意する必要があり、30℃近い高温と蒸れは厳禁。乾燥にはめっぽう弱いうえ脱皮不全に陥りやすく、脱皮不全が致命傷となってしまう危険性が高い。飼育には万全のエアコン管理はもちろん、通気性の良いケージと定期的に霧吹きができる体制を整える。流通の99％はマダガスカルからのWC個体で、少数ずつながら1〜2年に1回程度の流通が見られる。しかし、デリケートな種で、輸入された時点で衰弱している個体も多いため、ほしい時に状態の良い個体を入手することは困難かもしれない。

Chapter 5
飼育タイプ別
世界のヤモリ図鑑
【半樹上棲・湿潤タイプ】

イビティササクレヤモリ

- 別名（流通名）：――　●学名：*Paroedura ibityensis*
- 分布：マダガスカル中央部　●全長：9〜12cm前後　●CITES：非該当

ノシベ産

T+アルビノ

　大きな頭部に太い胴体を持つ、全体的にややずんぐりしたササクレヤモリ。灰褐色の地に茶褐色や焦茶色の模様が複雑に入るが、個体差が激しい。

　四肢のパッド（趾下薄板）は本属では発達しているほうで、樹上での活動も頻繁に見られ、飼育のレイアウトとしてはやや樹上棲寄りのレイアウトを施すと良いだろう。本属では丈夫な部類に入り、乾燥や多少の低温・高温にも強い。流通の中心はWC個体であるが、よほどの脱水状態などになっていなければすんなりと飼育できるだろう。ただし、流通はさほど安定的ではなく、ほしい時にいつでも見られる種ではない。

ヤモリ　235

マソベササクレヤモリ

Chapter 5 飼育タイプ別 世界のヤモリ図鑑 【半樹上棲・湿潤タイプ】

- 別名（流通名）：──　●学名：*Paroedura masobe*
- 分布：マダガスカル北東部　●全長：18〜22cm前後　●CITES：附属書Ⅱ類

　漆黒の大きな瞳に粉雪のような白の斑点が浮かぶ透明感のある黒色という独特な体色。そして、そのサイズ感。他種とは全てにおいて一線を画すマダガスカル固有のササクレヤモリ。

　古くから輸入されていたが、これまで何人の愛好家たちが本種飼育の高すぎる壁に打ちのめされてきたのだろうか。そう、飼育欲をそそられる見ために反し、ヤモリの中では飼育最難関の種で、海外の多くの愛好家も同意見である。難しさにおいて、しばしばエダハラオヤモリやアカジタミドリヤモリと比べられるが、本種を「最難関種」と評す人が多い。好む環境を再現することは、好む環境が似ているエダハラオヤモリと同じく困難（P.166エダハラオヤモリの項参照）。簡単に言えば28℃を超えない気温で、夜間には温度がぐっと下がるような「低温多湿で通気性の良い環境」。

さらに、本種はより神経質で、ストレスにも非常に弱い。完全に真っ暗になるとようやくシェルターから這い出し、樹上から狙うように捕食を開始する。趾下薄板が発達し、ガラス面を楽に登ることもできる。故に、半樹上棲ではあるものの、レイアウトとしては樹上棲と同等のものを用意したい。本種は全長20cm前後となり、夜間は活発に活動をするため、上下左右に広い飼育空間を用意する。エダハラオヤモリやアカジタミドリヤモリ同様、かわいらしさやユニークさだけで気軽に飼育を開始して良い種類ではない、という点だけは頭に入れておきたい。流通事情だが、2014年にワシントン条約附属書Ⅱ類に記載されて以降、マダガスカルからは輸出許可が出ていない。稀にEU圏からのCB個体が出回るが、それも限られた匹数である。

PERFECT PET OWNER'S GUIDES

Chapter 5

Picture book of Geckos

飼育タイプ別
世界のヤモリ図鑑
【地上棲・湿潤タイプ】

クチボソヒレアシトカゲ

- ●別名（流通名）：ジカリーヒレアシトカゲ　●学名：*Lialis jicari*
- ●分布：インドネシア（ニューギニア島およびその周辺の島）　●全長：40～55cm前後　●CITES：非該当

Chapter 5
飼育タイプ別
世界のヤモリ図鑑
【地上棲・湿潤タイプ】

主にジカリーヒレアシトカゲの名で流通する。見ためも飼育も、ヤモリに近しいとは言えないのだが、分類上はヤモリ下目に入る。外見はどう見てもヘビで、少し知っている人が見てもトカゲである（トカゲの仲間にヤモリが含まれるということはさておき…）。しかし、外耳を持つ点や二股に割れない平らな舌を持つ点、退化した後肢の痕跡とも言える小さな鰭（ひれ）のようなものが総排泄口付近にある点などから、ヘビではないと見て取れる。仕草もトカゲ（ヤモリ）と同じで、たとえば獲物を食べた後や体に付いた水滴を舐め取る際、舌を伸ばして口の周りを舐める。これを見ると「あぁ、ヘビじゃないんだな」と思う人も多いだろう。

飼育にあたってはひと筋縄ではいかない面がある。大きなポイントとして、トカゲやヤモリを専食としているため、それ以外の餌には見向きもしないこと。ヘビのようにピンクマウスなどに餌付けることも不可能で、

その他の昆虫類も食べない。冷凍のトカゲやヤモリを常備できることが必須となる。野生下でも捕食のペースは遅いとされ、週に1回の給餌でも多いと考えられ、給餌頻度はヤモリなどと比べると少なくて済む。やや多湿かつ通気性の良い環境を好み、過度な低温にならないよう注意。主にインドネシアからWC個体が不定期ながらまとまって輸入される。着状態は悪くないが、まずは餌付けから始めることになる。ダニ（ヘビダニ）の付着が懸念されるため、不安な場合は隔離してしばらく様子を見て、必要であれば処置をすることを推奨する。

なお、同属他種にバートンヒレアシトカゲ（*L. burtonis*）がいるが、こちらは主にオーストラリアに生息し、一部ニューギニア島にも生息している程度で、流通がやや少ない。こちらはやや乾燥した環境を好むため、飼育の際は混同してしまわないよう注意しよう。

体側にストライプが入ることが多い

同属別種のバートンヒレアシトカゲ。黒みがかった個体

バートンヒレアシトカゲ

バートンヒレアシトカゲ。赤みがかった個体

デカンアクマヤモリ

Chapter 5
飼育タイプ別
世界のヤモリ図鑑
【地上棲・湿潤タイプ】

- 別名（流通名）：デカンランドゲッコー ●学名：*Cyrtodactylus deccanensis*
- 分布：インド南西部 ●全長：13〜15cm前後 ●CITES：非該当

色調の淡い個体

　デカン（deccan）とはインドにある広大な台地のデカン高原から。とはいえ、デカン高原全域に分布しているわけではなく、端にある西ガーツ山脈付近が生息地となる。本種も他のアクマヤモリ同様、かつてはアクマヤモリ属で、近年、ホソユビヤモリ属に構成される種となった。幼体期は黒い地色に黄色の細いバンドが入り、キョクトウカゲモドキ属の幼体にも見える。成体では黒い部分が茶色に変化し、黄色のバンドもやや太くなって黒い縁取りも見られるようになる。

　トカゲモドキのように見えるその体型からも想像できるかもしれないが、行動も好む環境もどちらかといえばキョクトウカゲモドキに似る。飼育スタイルもハイナントカゲモドキ（*Goniurosaurus hainanensis*）などに準じ、過度な高温と乾燥に注意しながら飼う。EU圏からのCB個体が毎年比較的安定して流通しているため、見る機会は他のアクマヤモリの仲間に比べると多いほうだろう。

ホオスジザラハダヤモリ

Chapter 5
飼育タイプ別
世界のヤモリ図鑑
【地上棲・湿潤タイプ】

- 別名（流通名）：ホオスジディクソンゲッコー　●学名：*Dixonius melanostictus*
- 分布：タイ中部　●全長：8～10cm 前後　●CITES：非該当

　本種を含めたザラハダヤモリの仲間は主にディクソンゲッコーと呼ばれることが多い。吻先から目を通り尾の付け根付近まで黒いラインが入り、尾は薄いオレンジ色に染まる。ただし、この配色のディクソンゲッコーは数種確認されているため、その他の模様の入り方などで他種と区別する。近年に新種記載された *D. kaweesaki* とは配色が似ているため、同時に飼育する際は混同しないよう注意。

　細身かつ小型で弱そうに見えるが、見ためよりは丈夫で極端に外れた環境（過度な高温と低温・蒸れ）に注意して飼育する。本属は敏捷な種がほとんどで、趾下薄板を持っているため、ケージの壁などつるつるした面なども容易に登ることができる。メンテナンス時の脱走には十分気をつけよう。主に WC 個体が出回るが限定的かつ不安定で、いつでも見ることができるという種ではない。

シャムザラハダヤモリ

Chapter 5
飼育タイプ別
世界のヤモリ図鑑
【地上棲・湿潤タイプ】

- 別名（流通名）：シャムディクソンゲッコー　●学名：*Dixonius siamensis*
- 分布：タイ・ラオス・カンボジア・ベトナム南部　●全長：9〜12cm前後　●CITES：非該当

撮影地：タイ

　熱帯魚のシャムタイガーなど、「シャム」という名はしばしばタイ産の生き物の名前に使われるが、これはタイ王国がかつてシャムと呼ばれていたことから。主な生息域であるタイ王国＝シャムということで、種小名が siam- とされ、それが通称名にもなった。本属の中でも広い生息域を持ち、産地による地域差があるとされるが、基本的には薄茶色の地色に体全体（尾まで）に不規則な黒い斑紋が入る。白い小さな斑点が混ざる場合もあり、個体差は激しいので別種に見えるものもいる。

　生息地の広さが物語っているとも言えるが、本種は同属別種に比べても環境への順応性は高いと感じる。やや多湿な環境を好むが乾燥にも強く、WC 個体特有の脱水状態の個体でなければ飼育は容易。生息域こそ広いものの流通は限定的かつ不安定で、WC 個体が主に出回るものの、いつでも見ることができるという種ではない。

ラオス産

ソメワケササクレヤモリ

Chapter 5 飼育タイプ別 世界のヤモリ図鑑【地上棲・湿潤タイプ】

- 別名（流通名）：—— ● 学名：*Paroedura picta*
- 分布：マダガスカル西部から南部にかけて ● 全長：12～15cm前後 ● CITES：非該当

　地上棲ペットヤモリ界のスーパースターと評されるヒョウモントカゲモドキやニシアフリカトカゲモドキと肩を並べるほどポピュラーなヤモリで、古くから流通が見られる。地上棲ヤモリの代表種の1つ。アンバランスな大きな頭と目、短く細めの尾という組み合わせは、トカゲモドキの仲間には見られないシルエット。WC個体でも個体差は激しく、背中にストライプを持つ個体、白の斑紋の濃い・薄い・多い・少ない、バンド状に模様が入る個体などさまざま。マダガスカルの林床で生活し、日中は落ち葉や倒木の下に隠れ、夜間になると徘徊して餌を探し回る。

　やや湿った環境を好むが、通気の悪い高温多湿の環境は嫌う。飼育にあたっては、ヒョウモントカゲモドキのような高温の飼育環境は好ましくない。通気性の良いケージを使い、温度は30℃程度が上限。できればそれ以下に留めたい。一方、低温には耐性がある。そ

　その他のポイントとしては、代謝が早いため、幼体から亜成体まではこまめな給餌をする必要がある。性成熟までが非常に早く、メス個体に関しては栄養状態が良いと生後4〜5カ月程度で無精卵を産んでしまう個体もいる。メスがまだ成体になりきってない状態での不用意な雌雄の同居は避けたい。昔はWC個体の流通が主流であったが、近年は激減した。代わりに、EU圏や国内CB個体が多く流通するようになったため、見る機会自体は少なくない。色変個体も少しずつ出回るようになり、以前はザンティック（黄色色素優勢）が見られる程度であったが、アネリスリスティックやトランスルーセント・チタニウム・スノー・ジェネティックストライプ（トライストライプ）などさまざまなモルフが作出されている。

スノー

コーラルザンティックで流通するもの

トライストライプ

シュトゥンプフササクレヤモリ

Chapter 5
飼育タイプ別
世界のヤモリ図鑑
【地上棲・湿潤タイプ】

- 別名(流通名):―― ●学名:*Paroedura stumpffi*
- 分布:マダガスカル北部から北西部にかけて ●全長:10～13cm前後 ●CITES:非該当

国内で繁殖された幼体

　ソメワケササクレヤモリを全体的にやや細くして、ひと回り小型にしたような体型を持つ。成体はベージュの地色に褐色のバンド模様と縦縞が入り乱れる。幼体は別種と思えるほど派手な体色を持ち、特に尾は明るいオレンジ色に染まる。
　飼育はソメワケササクレヤモリに準じるが、動きはややすばやいため注意。立体的な活動も好み、流木などで地形に変化をつけても良い。主にマダガスカルからWC個体が流通するが不定期で、目にする機会は少なめ。

ヤモリ飼育の Q&A
Question of Gecko

Q 初心者向きの種類はありますか？

A ヤモリに限らず生き物全般に言えますが、「初心者にはこの種類がおすすめ」「初心者はまずこの種類から」というような選択・勧め方について、筆者は大反対です。飼育において難しいと感じるポイントは人によって違います。住んでいる地域や住宅環境から、気温を上げるほうが難しい人と、逆に下げるほうが難しい人がいます。多湿と乾燥も、人によってその加減（霧吹きの加減など）が異なるでしょう。何よりも、初心者向けだからといって、あまり興味のない種類を無理に飼育することは良いことではありません。よほどの飼育困難種であれば話は別ですが、自分が飼育したい種類が「少し頑張れば飼えそう」と思ったならば、お店に相談しながらその種類が飼育できるように頑張れば良いと思います。もちろん、流通の多い少ない・値段の高い安いはあるので、そのへんはお店に質問してみると良いでしょう。

Q 寿命はどのくらいですか？

A ヤモリの寿命は種類によりさまざまです。大まかに言うなら、小型種は6〜8年前後が多く、中〜大型種は15年以上の長寿種が多い傾向にあるでしょう。ひと口に寿命と言っても飼育下と野生下で違うし、個体によっても違います（人間も全員が100歳まで生きるわけではありません）。筆者個人の考えですが、飼育下での寿命は飼育者が握っていると考えています。飼育する前から寿命を気にしすぎることはナンセンスであり、その個体が長生きしてくれるよう全力で飼育に取り組みましょう。強いて言えば、餌を過剰に与える人や過剰な世話をする人ほど、特に両生類や爬虫類を短命にしてしまう傾向にあると言えるでしょう。

Q ハンドリングに向いている種類はどれでしょう？

A ミカドヤモリの仲間やクチサケヤモリの仲間・ハスオビビロードヤモリなどは、性格も穏やかで物怖じせず、そしておっとりしている個体が多いため、手に乗せていてもおとなしくしていてくれるかもしれません。それ以外の種類に関してはハンドリングを推奨しません。神経質な種類や動きの速い種類・気性の荒い種類などさまざまです。基本的にヤモリ全般、触れ合いながら飼育するというよりは「ケージ内で観察する飼育スタイル」だと思ってください。

オウカンミカドヤモリ。尾が切れても再生しない

自切した尾。再生が始まっている

飼育している個体が自切してしまいました。何か処置したほうが良いですか？

基本的にそのまま放っておいて、通常どおり飼育してかまいません。下手に何かすると逆効果になることもあります。強いて言えば、しばらくの間、自切した断面（傷口）が剥き出しになるので、雑菌が入らないようにするため、いつも以上に清潔な環境を保つことを心がけてください。種類によっては、尾には栄養が溜まっているからと心配する人もいますが、尾の栄養はいわば「非常食」のようなものです。一時的になくなっても、生きていくだけなら影響はありません。ただし、冬季などクーリング（休眠）させる時にその栄養がない場合は多少不安があるため、休眠を遅らせるなどの対処が必要でしょう。

キッチンペーパーやペットシーツを床材にして陸棲種を飼育できますか？

近年多い質問です。キッチンペーパーに関しては本文でも触れましたが、手間を考えたうえで自身が納得するようであれば使用しても良いでしょう。ただし、ペットシーツに関しては、大型個体がペットシーツを齧ってしまった場合、中の吸水ポリマー材を食べてしまう危険性があるので、ペットシーツ自体に餌のにおいが付いたりしないようにします。また、コオロギなどをばら撒きで与える場合も、コオロギに噛みついた時に一緒に食べてしまわないよう注意が必要です。キッチンペーパーは所詮紙なので多少食べても大きな問題はありませんが、吸水ポリマー材を大量に食べてしまうと、体内でそれが膨張して滞留し、最悪の場合、開腹手術が必要となってしまいます。心配であれば使用しないほうが無難です。

旅行で3～4日程度家を留守にする場合、どうしたら良いでしょう？

季節や種類にもよりますが、3～4日程度なら、温度だけ注意したうえで放置していくことを推奨します。気温が高くなる時期、もしくは寒い時期は、緩めの温度設定で良いのでエアコンを付けていくのが無難でしょう。餌は、よほどの幼体でなければどの種類も与えなくても数日間は問題ありません。水分も出かける前に軽く霧吹きをしていけば大丈夫ですが、心配であれば水入れや種類によってはウェットシェルターを配置していくと良いでしょう。最も良くないのは、行く前にたくさん食べさせること、そして、ケージ内に餌昆虫をたくさん放していくこと。出かける前（もしくは出かけている最中）にたくさん食べて、不在中にもし温度が低

下して吐き戻ししてしまったら対応が遅れてしまいます。また、放している昆虫がヤモリにまとわり付いて過度なストレスを与えてしまう可能性もあります。出かける前日、もしくは前々日にいつもの量を与え、水入れの水の交換をしていくだけで十分です。不安であれば、床材を交換して霧吹きを気持ち多めにしておくことは良いかもしれません。長期不在の場合は信頼できる人やペットホテルに預けることも良いかと思いますが、短期（3〜4日程度）なら移動のストレスのほうが心配だと言えるでしょう。

 飼育していた個体が死亡してしまったらどうしたら良いですか？

A 生き物を飼育する以上、理由はさまざまですが飼育個体が死亡してしまうことは避けられません。以前は土に埋めてあげるという形を推奨する傾向もありましたが、近年では日本にない病気や菌などの国内への広がりを防止する意味でも、やたらと埋めてしまうことはNGとされるようになりました。では、どうすれば良いのでしょうか。例を挙げると、「ペット用の火葬をし遺灰を保管する」「骨格標本にしてもらう」「透明標本にしてもらう」などの方法があり、死後も身近にいてほしい人にはこれらがおすすめです（超小型種は難しいかもしれません）。埋めることも、自宅敷地内のプランターや大きな鉢植えなど自然とほぼ接点のない土中ならば問題ないでしょう。ただし、個体が大きかったり、あまりにも土が少ないと土壌バクテリアが少ないため、うまく分解されずに腐り異臭を放つ原因となりかねないので注意してください。感情が割り切れるのであれば可燃ゴミとして処理をするというのも1つの方法で、倫理的に言ってしまえば公園や野山に埋めたりするよりはよほど良いとされますが、これは各自でご判断ください。

 他店で購入した生体の飼育について電話で質問をしたら断られました。なぜでしょう？

A 最近多い話です。結論から言えば「断られることが当たり前」だと思ってください。ただし、これはあなたがそのお店（質問をしたお店）とどのような関係かにもよるかと思います。定期的に顔を出して餌など買い物をしているお店であれば、他店で購入した生き物の質問をしても気軽に相談に乗ってくれるでしょう。しかし、ほぼ利用したことのないお店では、店側もいい顔はしないでしょう。ましてやどこの誰とも名乗らず電話で聞くなどはもってのほかです。お店の販売している生き物には価格が付いていますが、その金額の中には生き物本体の金額以外に、各店が持つ「知識」という目に見えない大きな副産物が含まれています。それなのに、価格が安いからとイベントなどで生き物だけ購入し、知識の豊富な店に質問だけをする。これはマナーとしてNGだとお考えください。その生き物（個体）の特性や癖については、管理していた人が1番わかるはずです。同じ種類であっても、直前まで食べていたものや管理していた温度など、他店は知る由もありません。そういう意味でも、購入した生体に関しては、購入した店に質問をするようにしてください。納得できる回答が得られない、または購入時に忙しさを理由にしっかりした説明をしてくれないようなら、その店からは購入しないという判断も大切でしょう。

索引 Index

ア

アオマルメヤモリ（ブルーゲッコー） …… 150

アカオマルメヤモリ（グロテイマルメヤモリ） …… 149

アカシアババイヤモリ …… 100

アカジタミドリヤモリ（ニュージーランドグリーンゲッコー） …… 129

アグリコラクチサケヤモリ …… 126

アサギマルメヤモリ（コンラウイマルメヤモリ） …… 148

アスパータマオヤモリ（サメハダタマオヤモリ） …… 184

アトルクアータスフトユビヤモリ（ホシクズフトユビヤモリ） …… 171

アーノルドネコツメヤモリ …… 89

アリヅカナキヤモリ（ダコタカベヤモリ） …… 88

アンダーウッディサウルス・ミリー（ナキツギオヤモリ） …… 191

アンティルイロワケヤモリ …… 214

アントンジルネコツメヤモリ …… 131

イスパニョーラジャイアントゲッコー（ラールアセイヤモリ） …… 130

イビティササクレヤモリ …… 235

イトコホソユビヤモリ …… 226

インターメディアイシヤモリ（ミナミトゲイシヤモリ） …… 58

インドオオナキヤモリ（ギガンテウスナキヤモリ） …… 146

ヴィエイヤールクチサケヤモリ …… 128

ウイリアムズイシヤモリ …… 63

ウィーレリータマオヤモリ（ミナミオビタマオヤモリ） …… 191

ウェスタンマーブルビロードヤモリ（シモフリビロードヤモリ） …… 65

ウェリントンイシヤモリ …… 62

ヴォラックスジャイアントゲッコー（タンヨクフトオヤモリ） …… 136

ウォルバーグネコツメヤモリ …… 91

エダハヘラオヤモリ …… 166

エベナピアゲッコー（クチボソツメナシヤモリ） …… 231

エベノーヘラオヤモリ …… 160

エメラルドキメハダヤモリ（ポリロフェルスゲッコー） …… 159

エリオットコノハヤモリ（マウントエリオットリーフテールゲッコー） …… 69

エレガンスチビヤモリ …… 222

エレガンスボウユビヤモリ（ナミハリユビヤモリ） …… 208

エロークホソユビヤモリ（オマキホソユビヤモリ） …… 227

オ

オウカンミカドヤモリ（クレステッドゲッコー） …… 102

オオソコトラヤモリ（ソコトラジャイアントゲッコー） …… 73

オオバクチヤモリ（センザンコウバクチヤモリ） …… 133

オオブロンズヤモリ（ジャイアントブロンズゲッコー） …… 78

オガサワラヤモリ …… 147

オキシデンタリスクチサケヤモリ（セイブクチサケヤモリ） …… 127

オショネシロワケヤモリ（コンキンナタスイロワケヤモリ） …… 217

オセラータイロワケヤモリ（カタボシイロワケヤモリ・クジャクイロワケヤモリ） …… 220

オニタマオヤモリ …… 182

オビザラユビヤモリ（オマーンバンデッドロックゲッコー） …… 206

オビタマオヤモリ（キタオビタマオヤモリ） …… 190

オビフトユビヤモリ（ファシアータフトユビヤモリ） …… 171

オマキホソユビヤモリ（エロークホソユビヤモリ） …… 227

オマーンバンデッドロックゲッコー（オビザラユビヤモリ） …… 206

オルナータヒルヤモリ（ニシキヒルヤモリ） …… 97

オンナダケヤモリ …… 135

カ

カイザリングスキンクヤモリ（ベルシャスキンクヤモリ） …… 195

ガーゴイルゲッコー（ツノミカドヤモリ） …… 115

カタガケイロワケヤモリ（フメラリスイロワケヤモリ） …… 219

カータートゲオヤモリ …… 192

カタボシイロワケヤモリ（オセラータイロワケヤモリ・クジャクイロワケヤモリ） …… 220

カーブバーキングゲッコー（カーブホエヤモリ） …… 204

カーブホエヤモリ（カーブバーキングゲッコー） …… 204

カメレオンヤモリ …… 211

カブラオヤモリ …… 131

カーボベルデナキヤモリ …… 170

ガレアタスイシヤモリ（ボウシイシヤモリ） …… 177

カンムリマルメヤモリ …… 149

キガシライロワケヤモリ …… 212

キガシラヒルヤモリ（クレンメリーヒルヤモリ） …… 154

キガシラマルメヤモリ …… 150

ギガスカベヤモリ …… 76

ギガンテウスナキヤモリ（インドオオナキヤモリ） …… 146

キスジイシヤモリ（スジオイシヤモリ） …… 61

キタオオヒルヤモリ（グランディスヒルヤモリ） …… 153

キタオビタマオヤモリ（オビタマオヤモリ） …… 190

キノボリヤモリ …… 148

ギンボーヒルヤモリ …… 94

クジャクイロワケヤモリ（オセラータイロワケヤモリ・カタボシイロワケヤモリ） …… 220

クチボソツメナシヤモリ（エベナピアゲッコー） …… 231

クチボソヒレアシトカゲ（ジカリーヒレアシトカゲ） …… 238

クマドリイロワケヤモリ …… 215

クラカケカベヤモリ …… 75

クラカケビロードヤモリ …… 68

グラキリスササクレヤモリ（ミヤビサクレヤモリ） …… 234

グラニットリーフテールゲッコー（ミカゲコノハヤモリ） …… 72

グランディスヒルヤモリ（キタオオヒルヤモリ） …… 153

クリサリスイシヤモリ（クリスティンイシヤモリ） …… 59

クリスティンイシヤモリ（クリサリスイシヤモリ） …… 59

クーリーパラシュートゲッコー（クールトビヤモリ） …… 142

グリーンアイゲッコー（スミスヤモリ） …… 144

クレステッドゲッコー（オウカンミカドヤモリ） …… 102

グレーターコモチミカドヤモリ（コモチミカドヤモリ） …… 124

クレンメリーヒルヤモリ（キガシラヒルヤモリ） …… 154

クールトビヤモリ（クーリーパラシュートゲッコー） …… 142

グロスマンマーブルヤモリ（マーブルゲッコー） …… 142

グロテイマルメヤモリ（アカオマルメヤモリ） …… 149

グローブヤモリ …… 199

クロボシチビヤモリ（ニグロプンクタータチビヤモリ） …… 223

クワンシートッケイ（チュウゴクトッケイヤモリ・リーブストッケイ） …… 143

ケベディアナヒルヤモリ …… 152

ゲンカクマルメスベユビヤモリ（サイケデリックロックゲッコー） …… 81

コガタコモチミカドヤモリ（レッサー
コモチミカドヤモリ） 125
コガタブロンズヤモリ 77
ゴシキイロワケヤモリ 216
コーチバーキングゲッコー（コッホホ
エヤモリ） 205
コッガービロードヤモリ 66
コッホホエヤモリ（コーチバーキング
ゲッコー） 205
ゴマフウチワヤモリ 74
コムギイシヤモリ 176
コモチミカドヤモリ（グレーターコモ
チミカドヤモリ） 124
コモンバクチヤモリ（モトイバクチヤ
モリ） 134
ゴールコンダアクマヤモリ 200
ゴールデンゲッコー（バナナヤモリ）
 137
コンキンナタスイロワケヤモリ（オ
ショネシイロワケヤモリ） 217
コンラウイマルメヤモリ（アサギマル
メヤモリ） 148

サ

サイケデリックロックゲッコー（ゲン
カクマルメスベユヤモリ） 81
サウザンリーフテールゲッコー（ヒロ
オコノハヤモリ） 71
サカラバネコツメヤモリ 132
ササメスキンクヤモリ 196
サハラカワラヤモリ 209
サビヒルヤモリ（ボルボニカヒルヤモ
リ） 151
サメハダタマオヤモリ（アスパータマ
オヤモリ） 184
サラシノミカドヤモリ（ルーズゲッ
コー） 110
ザラハダフトユビヤモリ（ルゴッサフ
トユビヤモリ） 173
サラマンダーヤモリ 232
ジカリーヒレアシトカゲ（クチボソヒ
レアシトカゲ） 238
シコラエヘラオヤモリ（ヤマビタイヘ
ラオヤモリ） 168
シノビヒルヤモリ（ムタビリスヒルヤ
モリ） 96
シモフリビロードヤモリ（ウェスタン
マーブルビロードヤモリ） 65
ジャイアントブロンズゲッコー（オオ
ブロンズヤモリ） 78
シャムグリーンアイゲッコー（シャム
ヒスイメヤモリ） 144
シャムザラハダヤモリ（シャムディク
ソンゲッコー） 242
シャムディクソンゲッコー（シャムザ
ラハダヤモリ） 242
シャムヒスイメヤモリ（シャムグリー
ンアイゲッコー） 144
シュトゥンプフササクレヤモリ 248
シロテンアクマヤモリ 229

シロブチバーキングゲッコー（シロブ
チホエヤモリ） 205
シロブチホエヤモリ（シロブチバーキ
ングゲッコー） 205
シンメトリカスクチサケヤモリ（シン
メトリッククチサケヤモリ） 127
シンメトリッククチサケヤモリ（シン
メトリカスクチサケヤモリ） 127
スジオイシヤモリ（キスジイシヤモリ）
 61
スジヘラオヤモリ 165
スタインダックネリーイシヤモリ（ス
タインダッハナーイシヤモリ） 181
スタインダッハナーイシヤモリ（スタ
インダックネリーイシヤモリ） 181
スタンディングヒルヤモリ 98
スパイニーヘラオヤモリ（トゲヘラオ
ヤモリ） 167
スピニゲルスイシヤモリ（ヤワトゲイ
シヤモリ） 60
スプリングボックフトユビヤモリ
（ラージスケールフトユビヤモリ・マ
クロレピスフトユビヤモリ） 172
スベスベタマオヤモリ 185
スベトビヤモリ 143
スベヒタイヘラオヤモリ（ヘンケリー
ヘラオヤモリ） 164
スポッテッドナキヤモリ（ヒョウモン
ナキヤモリ） 87
スミスヤモリ（グリーンアイゲッ
コー） 144
セイブクチサケヤモリ（オキシデンタ
リスクチサケヤモリ） 127
セーシェルブロンズヤモリ 77
セスジイシヤモリ 179
セスジイロワケヤモリ 221
セスジタマオヤモリ 189
センザンコウバクチヤモリ（オオバク
チヤモリ） 133
セントマーチンカブラオヤモリ 130
ソコトラジャイアントゲッコー（オオ
ソコトラヤモリ） 73
ソメワケササクレヤモリ 243

タ

タイガーゲッコー（トラフフトユビヤ
モリ） 174
ダウディンイロワケヤモリ 218
ダコタカベヤモリ（アリゾナカキヤモリ）
 88
ターナーオオフトユビヤモリ（ター
ナーゲッコー） 80
ターナーゲッコー（ターナーオオフト
ユビヤモリ） 80
ダマエウムイシヤモリ（ビーズイシヤ
モリ） 180
タマキカベヤモリ（ホワイトスポット
クロコダイルゲッコー） 75
タンビチビヤモリ（ファンタスティカ
スチビヤモリ） 222

タンヨクフトオヤモリ（ヴォラックス
ジャイアントゲッコー） 136
チャホアミカドヤモリ（マモノミカド
ヤモリ） 112
チュウゴクトッケイヤモリ（リーブス
トッケイ・クワンシートッケイ） 143
ツギオミカドヤモリ（ニューカレドニ
アジャイアントゲッコー） 118
ツノミカドヤモリ（ガーゴイルゲッ
コー） 115
テイオウヘラオヤモリ 162
デカンアクマヤモリ（デカンランド
ゲッコー） 240
デカンランドゲッコー（デカンアクマ
ヤモリ） 240
テッセラータイシヤモリ（モザイクイ
シヤモリ） 178
デリーンタマオヤモリ（デレアニタマ
オヤモリ） 185
デレアニタマオヤモリ（デリーンタマ
オヤモリ） 185
トゲヘラオヤモリ（スパイニーヘラオ
ヤモリ） 167
トッケイ（トッケイヤモリ） 138
トッケイヤモリ（トッケイ） 138
トラフフトユビヤモリ（タイガーゲッ
コー） 174
トルキスタンスキンクヤモリ 197
トーレチビヤモリ 224

ナ

ナキツギオヤモリ（アンダーウッディ
サウルス・ミリー） 191
ナミハリユビヤモリ（エレガンスボウ
ユビヤモリ） 208
ナメハダタマオヤモリ（レビスタマオ
ヤモリ） 186
ニグロプンクタータチビヤモリ（クロ
ボシチビヤモリ） 223
ニシキヒルヤモリ（オルナタヒルヤ
モリ） 97
ニシキビロードヤモリ（モニリスビ
ロードヤモリ） 67
ニホンヤモリ（ヤモリ） 82
ニューカレドニアジャイアントゲッ
コー（ツギオミカドヤモリ） 118
ニューギニアオオホソユビヤモリ 227
ニュージーランドグリーンゲッコー
（アカジタミドリヤモリ） 129
ネウエイシヤモリ 211
ノコヘリヒルヤモリ 159

ハ

バイノトリノツメヤモリ（ビノエブ
リックリーゲッコー） 202
バイパーゲッコー（マツカサヤモリ） 201
バーカーヒルヤモリ（バーケリーヒル
ヤモリ） 156

バーケリーヒルヤモリ（バーカーヒル
ヤモリ）……………………156
ハスオビビロードヤモリ………64
バスツールヒルヤモリ…………157
バナナヤモリ（ゴールデンゲッコー）
…………………………137
バーバーヒルヤモリ……………92
ハルマヘラジャイアントゲッコー（ワ
キヒダフトオヤモリ）………135
ヒガシアフリカネコツメヤモリ…90
ヒガシオオヒルヤモリ（マダガスカル
ヒルヤモリ）…………………156
ビーズイシヤモリ（ダマエウムイシヤ
モリ）…………………………180
ビノエブリックリーゲッコー（バイノ
トリノツメヤモリ）…………202
ビブロンオオフトユビヤモリ（ビブロ
ンゲッコー）……………………79
ビブロンゲッコー（ビブロンオオフト
ユビヤモリ）……………………79
ヒメササクレヤモリ……………233
ヒョウモンナキヤモリ（スポッテッド
ナキヤモリ）……………………87
ヒラオヒルヤモリ（ヒロオヒルヤモリ）155
ヒロコノハヤモリ（サウザンリーフ
テールゲッコー）………………71
ヒロオビナキヤモリ（ファシアータナ
キヤモリ）……………………145
ヒロオヒルヤモリ（ヒラオヒルヤモ
リ）……………………………155
ファシアータナキヤモリ（ヒロオビナ
キヤモリ）……………………145
ファシアータフトユビヤモリ（オビフ
トユビヤモリ）………………171
ファンタスティカスチビヤモリ（タン
ビチビヤモリ）………………222
ブシバルスキンクヤモリ………196
フトバパイヤモリ（ロブスタパバイヤ
モリ）…………………………101
フメラリスイロワケヤモリ（カタガケ
イロワケヤモリ）……………219
ブラシアードナキヤモリ………146
フリンジヘラオヤモリ（マダガスカル
ヘラオヤモリ）………………163
ブルーゲッコー（アオマルメヤモリ）
…………………………150
ブルックスナキヤモリ…………87
ブレビケプスヒルヤモリ（マルガオヒ
ルヤモリ）………………………93
プロセトカゲユビヤモリ………194
ブロンクヒルヤモリ……………157
ベグーホソユビヤモリ…………228
ベトリボウユビヤモリ（ベトレイハリ
ユビヤモリ）…………………207
ベトレイハリユビヤモリ（ベトリボウ
ユビヤモリ）…………………207
ヘリスジヒルヤモリ……………155
ペルシャスキンクヤモリ（カイザリン
グスキンクヤモリ）…………195
ヘルメットゲッコー（ヘルメットヤモリ）
…………………………198

ヘルメットヤモリ（ヘルメットゲッ
コー）…………………………198
ヘンケリーヘラオヤモリ（スベヒタイ
ヘラオヤモリ）………………164
ボイヴィンネコツメヤモリ……132
ボウシイシヤモリ（ガレアタスイシヤ
モリ）…………………………177
ホオスジザラハダヤモリ（ホオスジ
ディクソンゲッコー）………241
ホオスジディクソンゲッコー（ホオス
ジザラハダヤモリ）…………241
ホシクズフトユビヤモリ（アトルク
アータスフトユビヤモリ）…171
ホシボシタマオヤモリ…………189
ボリロフェルスゲッコー（エメラルド
キメハダヤモリ）……………159
ボルボニカヒルヤモリ（サビヒルヤモ
リ）……………………………151
ホワイトスポットクロコダイルゲッ
コー（タマキカベヤモリ）……75
ホワイトラインゲッコー（ヤシヤモリ）
…………………………145

マ

マウントエリオットリーフテールゲッ
コー（エリオットコノハヤモリ）…69
マクロレピスフトユビヤモリ（ラージ
スケールフトユビヤモリ・スプリング
ボックフトユビヤモリ）……172
マソベササクレヤモリ…………236
マダガスカルヒルヤモリ（ヒガシオオ
ヒルヤモリ）…………………156
マダガスカルヘラオヤモリ（フリンジ
ヘラオヤモリ）………………163
マツカサヤモリ（バイパーゲッコー）
…………………………201
マツケイシヤモリ………………57
マーブルビロードヤモリ（マルモラー
タビロードヤモリ）……………65
マーブルゲッコー（グロスマンマーブ
ルヤモリ）……………………142
マモノミカドヤモリ（チャホアミカド
ヤモリ）………………………112
マルガオヒルヤモリ（ブレビケプスヒ
ルヤモリ）………………………93
マルモラータビロードヤモリ（マーブ
ルビロードヤモリ）……………65
ミカゲコノハヤモリ（グラニットリー
テールゲッコー）………………72
ミズカキヤモリ…………………203
ミナミオビタマオヤモリ（ウィーレ
リータマオヤモリ）…………191
ミナミトゲイシヤモリ（インターメ
ディアイアイシヤモリ）………58
ミヤビササクレヤモリ（グラキリスサ
サクレヤモリ）………………234
ムーアカベヤモリ………………76
ムタビリスヒルヤモリ（シノビヒルヤ
モリ）……………………………96
メルテンスヒルヤモリ…………158

モトイバクチヤモリ（コモンバクチヤ
モリ）…………………………134
モニリスビロードヤモリ（ニシキビ
ロードヤモリ）…………………67
モザイクイシヤモリ（テッセラータイ
シヤモリ）……………………178

ヤ

ヤシヤモリ（ホワイトラインゲッ
コー）…………………………145
ヤクーナアクマヤモリ…………230
ヤマビタイヘラオヤモリ（シコラエヘ
ラオヤモリ）…………………168
ヤモリ（ニホンヤモリ）………82
ヤワトゲイシヤモリ（スピニゲルスイ
シヤモリ）………………………60
ヨツメヒルヤモリ………………158

ラ

ラガッティウチワヤモリ…………74
ラージスケールフトユビヤモリ（マク
ロレビスフトユビヤモリ・スプリング
ボックフトユビヤモリ）……172
ラールアセイヤモリ（イスパニョーラ
ジャイアントゲッコー）……130
ランキンイシヤモリ……………59
リーブストッケイ（チュウゴクトッケ
イヤモリ・クワンシートッケイ）…143
リングリーフテールゲッコー（ワオコ
ノハヤモリ）……………………70
ルゴッサフトユビヤモリ（ザラハダフ
トユビヤモリ）………………173
ルーズゲッコー（サラシノミカドヤモリ）
…………………………110
レビスタマオヤモリ（ナメハダタマオ
ヤモリ）………………………186
レッサーコモチミカドヤモリ（コガタ
コモチミカドヤモリ）………125
レユニオンニシキヒルヤモリ（レユニ
オンヒルヤモリ）………………95
レユニオンヒルヤモリ（レユニオンニ
シキヒルヤモリ）………………95
ロサウラエチビヤモリ…………225
ロブスタパバイヤモリ（フトバパイヤ
モリ）…………………………101
ロボロフスキースキンクヤモリ…197

ワ

ワオコノハヤモリ（リングリーフテー
ルゲッコー）……………………70
ワキヒダフトオヤモリ（ハルマヘラ
ジャイアントゲッコー）……135

■参考文献
Faszinierende Taggeckos（Hallmann, Gerhard／Krueger, Jens／Trautmann, Gerd 著, 2008）
GEKKO The Journal of the Global Gecko Association Volume One, Issue One
Terra log"Geckos of Australia"
A Guide to Australian Geckos and Pygopods in Captivity A Guide To Series（Danny Brown 著, 2012）／Reptile Publications
ディスカバリー ヤモリ大図鑑（中井穂瑞領著）／誠文堂新光社

■著者　西沢 雅 にしざわ・まさし
text Masashi Nishizawa

1900年代終盤東京都生まれ。専修大学経営学部経営学科卒業。幼少時より釣りや野外採集などでさまざまな生物に親しむ。在学時より専門店スタッフとして、熱帯魚を中心に爬虫・両生類、猛禽、小動物など幅広い生き物を扱い、複数の専門店でのスタッフとして接客業を通じ知見を増やしてきた。そして2009年より通販店としてPumilio（プミリオ）を開業、その後2014年に実店舗をオープンし現在に至る。2004年より専門誌での両生・爬虫類記事を連載。そして、2009年にはどうぶつ出版より『ヤモリ、トカゲの医・食・住』を執筆、発売。2011年には株式会社ピーシーズより『密林の宝石 ヤドクガエル』を執筆、発売。他に、2020年以降から『有尾類の教科書』『ミカドヤモリの教科書』『ニシアフリカトカゲモドキの教科書』（笠倉出版社）、『イモリ・サンショウウオ完全飼育』（誠文堂新光社）を執筆、発売。

■編集　撮影　川添 宣広 かわぞえ・のぶひろ
photo&edit Nobuhiro Kawazoe

1972年生まれ。早稲田大学卒業後、出版社勤務を経て2001年に独立（http://www.ne.jp/asahi/nov/nov/nov/HOME.html）。爬虫・両生類専門誌『クリーパー』をはじめ、『愛好家から学ぶアメリカハコガメ飼育術』（クリーパー社）、『爬虫・両生類パーフェクトガイド』『爬虫・両生類飼育ガイド』『爬虫・両生類ビギナーズガイド』『ディスカバリー大図鑑』シリーズほか、『日本の爬虫類・両生類生態図鑑』『爬虫類・両生類フォトガイド』『日本のサンショウウオ』（誠文堂新光社）、『ビバリウムの本』（文一総合出版）、『有尾類の教科書』など教科書シリーズ（笠倉出版社）、『爬虫類・両生類1800種図鑑』（三才ブックス）など、手掛けた関連書籍・雑誌多数。

■協力
キョーリン、小沼 佐和子、琴寄 里奈、関 祐香理（Octave）、ヒグチ（Highensis）、沖藤 渉、シカノモリ、藍野雄一朗

■協力
アクアセノーテ、aLiVe、有田矢毒蛙、iZoo、岩本妃順、HBM、上原陽子、ウッドベル、エキゾチックサプライ、エンドレスゾーン、大谷勉、邑楽ファーム、オーナーズ&フィッシュ&レプタイルズ、オリュザ、カミハタ養魚、カメレもんぐっず99、亀太郎、キャンドル、キョーリン、クレイジーゲノ、桑原佑介、くろけんファーム、幸地賢吾、琴寄里奈、KOBU JAPAN、笹之池香奈、秋海棠、ジュラの杜、しろくろ、スケール、スドー、蒼天、TreeMate、dear、TCBF、terra、ドリフトウッド、ドリームレプタイルズ、永井浩司、熱帯倶楽部、野上大成、野槌師、爬虫類倶楽部、パティキュラーミュータント、Herptile Lovers、豹紋堂、プミリオ、ブリガドーン、ぶりくら市、ペットショップふじや、BebeRep、松村しのぶ、マニアックレプタイルズ、やもはち屋、リミックス ペポニ、レップジャパン、レプタイルストアガラパゴス、レプティリカス

PERFECT PET OWNER'S GUIDES

飼育、繁殖、さまざまな種・品種のことがよくわかる

ヤモリ完全飼育

2025年4月15日　発　行　　　　　　　　　　　　　　　NDC480

著　　　者　　西沢 雅
編集・写真　　川添 宣広
発　行　者　　小川雄一
発　行　所　　株式会社 誠文堂新光社
　　　　　　　〒113-0033 東京都文京区本郷3-3-11
　　　　　　　https://www.seibundo-shinkosha.net/
印刷・製本　　シナノ書籍印刷 株式会社

©Masashi Nishizawa. 2025　　　　　　　　　　Printed in Japan

本書掲載記事の無断転用を禁じます。

落丁本・乱丁本の場合はお取り替えいたします。

本書の内容に関するお問い合わせは、小社ホームページのお問い合わせフォームをご利用ください。

JCOPY ＜（一社）出版者著作権管理機構　委託出版物＞
本書を無断で複製複写（コピー）することは、著作権法上での例外を除き、禁じられています。本書をコピーされる場合は、そのつど事前に、（一社）出版者著作権管理機構（電話 03-5244-5088／FAX 03-5244-5089／e-mail：info@jcopy.or.jp）の許諾を得てください。

ISBN978-4-416-72352-4